百科·探索·发现
（少年版）

神奇的动物
SHENQI DE DONGWU

主　编　张　哲

编　委　金卫艳　李亚兵　袁晓梅　赵　欣　焦转丽
　　　　张亚丽　侣小玲　李　婷　吕华萍　赵小玲
　　　　田小省　宋媛媛　李智勤　赵　乐　车婉婷
　　　　靖凤彩　迟红叶　李雷雷　王　飞　刘　倩

时代出版传媒股份有限公司
安徽科学技术出版社

图书在版编目（ＣＩＰ）数据

神奇的动物 / 张哲主编. —合肥：安徽科学技术出版社，2015.1（2023.1重印）

（百科·探索·发现：少年版）

ISBN 978-7-5337-6439-5

Ⅰ.①神… Ⅱ.①张… Ⅲ.①动物—少年读物 Ⅳ.①Q95-49

中国版本图书馆 CIP 数据核字（2014）第211219号

神奇的动物　　　　　　　　　　　　　　　　　　主编　张　哲

出 版 人：丁凌云　选题策划：《海外英语》编辑部　责任编辑：张　雯

责任校对：潘宜峰　责任印制：廖小青　　　　　　　　封面设计：李亚兵

出版发行：安徽科学技术出版社　　　　http://www.ahstp.net

（合肥市政务文化新区翡翠路 1118 号出版传媒广场,邮编:230071）

电话：（0551）63533323

印　　制：阳谷毕升印务有限公司　　　　电话：（0635）6173567

（如发现印装质量问题,影响阅读,请与印刷厂商联系调换）

开本：710×1010 1/16　　　印张：10　　　字数：200千

版次：2015年1月第1版　　2023年1月第4次印刷

ISBN 978-7-5337-6439-5　　　　　　　　　　定价：45.00元

前言

动物是我们人类的好朋友，它们让我们的生活更加丰富多彩，也维持着大自然的生态平衡。地球上每一寸土地都有动物的足迹：森林是大自然的调度师，也是众多动物理想的生存家园，这里有翩翩起舞的美丽"花朵"蝴蝶，有为树木治病的"医生"啄木鸟，还有威武的"森林之王"老虎等；草原的景观开阔，生活着当今世界上最大的野生动物群，这里有黑白条纹的"战士"斑马，有奔跑如飞的"运动健将"猎豹，还有身材高挑的"雅士"长颈鹿等；极地是地球上最冷的地方，在这样恶劣的气候条件下仍然有一些动物顽强地生存着，像守卫南极的"士兵"企鹅，聪明的"狩猎者"北极熊，以及外形憨笨的"潜水冠军"海豹等。

由于生态环境遭破坏以及人们的过度捕杀，许多动物已濒临灭绝。请记住这样一句话：如果你没有成为挽救濒危动物的一员，那你就是加速它灭绝的一员。带上你最丰富的想象走进本书吧！本书将会为你一一揭开动物世界的秘密。

CONTENTS

目录

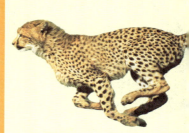

百科·探索·发现（少年版）

神奇的动物

> ### 哺乳动物

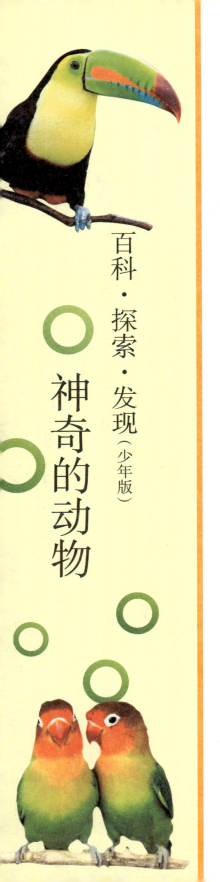

百科・探索・发现（少年版）

神奇的动物

CONTENTS

CONTENTS

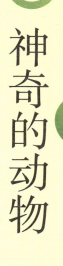

百科·探索·发现（少年版）

神奇的动物

CONTENTS

昆　虫

哺乳动物

　　哺乳动物是最高等的动物，它们最典型的特征是胎生和哺乳。我们身边最常见的猫、狗是哺乳动物，动物园里的老虎、大象是哺乳动物，在天上飞行的蝙蝠、在海里游泳的鲸也是哺乳动物。

跑得最快的动物——猎豹

和陆地上其他大型猫科动物相比，猎豹真的很不寻常。它那细长的身体，灵敏的头部和有力的四肢，仿佛就是为奔跑而生，这正是它能在残酷的非洲大草原上生存下来的原因。

乖巧的猎豹

猎豹的体型比其他豹略小，头部有点儿像猫，四肢像狗，连特性也有点儿像狗：会蹲着坐，容易驯服，忠于主人。千百年来，人们一得到猎豹幼崽就当宠物来饲养。

绝对的世界短跑冠军

猎豹是目前陆地上奔跑速度最快的动物，时速可以达到 120 千米。但是猎豹只擅长短跑，在长距离奔跑时，它的速度就慢多了，平均每小时约为 60 千米，相当于非洲鸵鸟的速度。

知识小笔记

类　属：哺乳纲、食肉目、猫科
身　长：1 ~ 1.5 米
体　重：50 ~ 100 千克
食　物：羚羊
分布地区：非洲广阔的热带草原上

猎豹在奔跑时，有一大半时间身体可以处在半空中

正在休息的猎豹

▲ 高速奔跑的猎豹

🐆 穿钉鞋的猎豹

　　猎豹的爪子在幼年时是可以完全收缩的，但成年后就收不回来了，会变得和狗爪一样钝。这种定型带来了另外的好处，那就是猎豹在高速奔跑时，爪子能紧紧抓住地面，就像短跑运动员的钉鞋。

🐆 嗅出来的新鲜

　　猎豹嗅觉十分发达，只要闻一下就知道食物是不是新鲜。不新鲜的东西它绝对不吃，哪怕是上顿剩下来的也会弃之不要。实际上，猎豹的味觉器官不发达，灵敏的嗅觉代替了一部分味觉的感受。

▲ 猎豹

🐆 胆小的猎豹

　　非洲大草原上有很多凶狠的食肉动物。有时候，猎豹辛辛苦苦捕来的食物会成为这些动物的美餐。比如，斑点鬣狗经常来抢夺猎豹的食物，而猎豹只有悻悻地离开，俨然是一个受气包。

　　猎豹是所有大型猫科动物中最温顺的一种，除了狩猎，一般不主动攻击别的动物

个子最高的动物——长颈鹿

长颈鹿是陆地上最高的动物，成年长颈鹿的身高可达 4～6 米。长颈鹿皮肤上的花斑网纹是一种天然的保护色，优雅的长颈、大而突出的眼睛很利于它远眺，可以及时发现危险。

让你"大"吃一惊

长颈鹿的脚很大，有的直径可以达到 30 厘米，它的心脏有 60 厘米长，肺可以容纳 55 升的空气，就连舌头也有 40～50 厘米长。

▲ 长颈鹿

▶个子高大的长颈鹿

个子高，血压也高

因为长颈鹿的个子太高了，为了将血液送到高高在上的大脑中，它必须提高体内的血压，所以长颈鹿的血压要比人类的正常血压高 2 倍。如果这样的血压出现在别的动物身上，那么这种动物肯定会因脑溢血而死去。

▲ 草原上的长颈鹿

知识小笔记

类　属:哺乳纲、偶蹄目、长颈鹿科
身　长:4～6 米
体　重:900～1 800 千克
食　物:植物的叶子
分布地区:非洲的稀树草原、灌木丛和撒哈拉沙漠南部的森林地带

站着睡安全

　　长颈鹿脖子长腿也长，躺下和站起来都很不容易，所以它们常常站着睡觉。当长颈鹿觉得周围很安全时，也会躺下来睡觉。但是，如果这时遇到突然袭击，它就很难再站起来逃跑，往往会这样葬送了自己的性命。

　　▶长颈鹿的睡眠时间比大象还要少，一个晚上一般只睡两小时。对于长颈鹿来说，睡眠实在是一件非常棘手的事，甚至会使它面临危险

　　▲长颈鹿繁殖期不固定，长颈鹿宝宝出生后 20 分钟即能站立，几天后便能奔驰如飞

巨型婴儿

　　长颈鹿宝宝一生下来大约就有 2 米高，出世后首先要接受从高处摔落的考验。长颈鹿宝宝产下时总是头朝地，这看似很危险，实际上却可以让小长颈鹿做一次深呼吸，就像刚出生的婴儿有第一声啼哭一样。

喝水真累

　　长颈鹿喝水时，高大的身体就会给它带来莫大的麻烦——它要拼命地叉开前腿，压低身体，头使劲往下埋，才能勉强碰到水面，并且还要不时地抬头观望敌情。所以长颈鹿都不常喝水，它喜欢吃些嫩叶来补充身体需要的水分。

　　▶正在喝水的长颈鹿

陆地最大的动物——非洲象

非洲象是陆地上现存体型最大的哺乳动物，它最明显的特征莫过于其庞大的身躯、举世闻名的象牙和灵活自如的长鼻子了。别看它外表温顺、行动迟缓，其实它性情暴戾，被激怒后会快速奔跑，也会向敌人发起进攻。

亲情永存

非洲象过着社会性很强的群居生活，象群由 30 ~ 40 只雌象和幼象组成，最年长的雌象是这个家族的首领，它会像"祖母"那样照顾家庭中所有的成员。当有大象死亡时，其他的同伴会感到悲哀，并不断地摇它，试图将它摇醒。

过着群居生活的大象

超大的耳朵

你也许不会相信，大象的耳朵展开时长度能达到 1.5 米，其形状恰巧和非洲的地图非常相像。这对超大的耳朵就像暖气的散热片一样，当血液流过耳朵时会把多余的热量散发掉，大象就不会感觉那么热了。

大象的耳朵大如扇

大象用鼻子喷水

多功能的鼻子

大象的鼻子异常灵敏，最远能闻到 1 000 米以外的异常气味；作为它的御敌武器，长鼻子能将"敌人"卷起，抛向天空，待它落地后再上前用脚踩死。当大象洗澡时，象鼻就成了"淋浴器"，它用长鼻子"呼噜"一声就吸起一满桶的水，然后喷洒在身上，痛痛快快地洗个淋浴。

珍贵的象牙

非洲象在自然界中是没有天敌的，给它们招来杀身之祸的是它们那对珍贵的象牙。象牙就是象上腭的门牙，质地坚硬，用象牙制造的艺术品价格昂贵，不法分子常以此获利。

象牙

好大的胃口

非洲象有一副好胃口，有时一天可以吃掉 200 千克左右的食物，喝下 100 多升水。除了睡觉，它醒着的时间都在进食。

正在进食的大象

知 识 小 笔 记

类　属：哺乳纲、长鼻目、象科
身　长：2 ~ 4 米
体　重：3 000 ~ 8 000 千克
食　物：树叶、果实和草
分布地区：非洲

森林之王——老虎

老虎是一种凶猛的食肉动物，也是现存最大的猫科动物。它身披淡棕色或褐色毛皮，腹部为白色或淡黄色，身上有灰色或黑色的美丽条纹。蓝色的眼睛中常常带有冰冷的杀气，似乎在宣告着自己那至高无上的王者地位。

灵敏的感官

虎在夜间暗淡的光线中观察物体的能力是人类的 6 倍，它的眼睛能够反射任何照射在地面上的光线，所以它在黑暗中双目总是幽幽地闪光，敏感的胡须也可以帮忙在黑暗中探路。

王者之"气"

气味是老虎最具权威性的"身份证件"，它分泌的气味相当浓烈，可在沿途持续 3 个星期。

老虎

致命的牙齿

虎常用巨大而尖锐的牙齿死死地咬住猎物，直至猎物死亡。牙齿的力量很大，可以把猎物撕碎吞食。最后，它还会用粗糙的舌头，把猎物的骨头和表皮上所有残存的血肉舔得干干净净。

知 识 小 笔 记

类　属：哺乳纲、食肉目、猫科
身　长：1.4 ～ 3.5 米
体　重：250 ～ 350 千克
食　物：小鹿、野猪、大羚羊等
分布地区：中国、俄罗斯西伯利亚、南非、东南亚的森林和热带雨林中

老虎尖锐的牙齿

夜行性动物

虎利用身上的条纹潜伏在森林或干枯的草丛中狩猎。它虽然不善于长距离地追捕猎物，但潜行和猛扑的本领却很高强，能在瞬间制服猎物。

老虎生性沉稳、谨慎、凶猛，它食量非常大，以大中型食草动物为食，也会捕食其他的食肉动物

狮和虎谁与争风

狮、虎都是大型食肉猛兽，总的说来，狮体型略大，但虎中也有体型比狮大的。在形态上，狮、虎都是强大、威武、凶猛的，在它们栖息的范围内，双方几乎都无自然敌害。因而，很多人认为老虎和狮子在各方面都势均力敌，可谓森林和草原的两大霸主。

草原霸主——狮子

狮子被称作"草原霸主""百兽之王"。它们以家庭为单位，生活在非洲草原。狮子全身长着黄褐色短毛，尾端的毛为黑色。雄狮的体型比雌狮略大，颈部长着金黄色或棕色的鬃毛，显得威风凛凛。

狮子是唯一的一种雌雄两态的猫科动物

"男女有别"

你有没有注意到，在所有哺乳动物中，只有狮子可以让人一眼看出是雌还是雄，其他动物都没有那么明显的特征。

勤劳的雌狮

雌狮主要承担打猎和哺育幼狮的任务，它可以杀死比自己大得多的猎物，如斑马和野羚。然后，它把猎物带回家，供雄狮和幼狮享用。

狮子属群居性动物，狮群中的狩猎工作基本由雌性成员完成

母系社会

狮群是典型的母系社会体制。一个狮群里所有的雌狮都是亲戚，或是姐妹关系，或是母子关系，雄狮在狮群中只不过是一个匆匆过客。

▶非洲狮的体型硕大，是最大的猫科动物之一

英俊的雄狮

雄狮有美丽的狮鬃，看起来威风八面，是草原的王者。雄狮的动作比雌狮要缓慢，容易被猎物发现，所以它的任务就是保护领地家族的安全。

胜王败寇

在狮子的领地中，雄狮的主要职责是防范其他雄狮进入家园。因为其他雄狮到来是为了取代它的位置。一旦新来的雄狮在决斗中获胜，它就会杀死狮群中的幼狮，让雌狮为自己生育后代。

等级分明

狮群中等级分明，雌狮与幼狮必须懂得尊卑，只有在一家之主雄狮吃饱后，它们才可以吃剩下的食物。

▶狮子

知识小笔记

类　属：哺乳纲、食肉目、猫科
身　长：1.8 ~ 2.7米
体　重：120 ~ 280千克
食　物：长颈鹿、斑马
分布地区：非洲草原

黑白条纹的战士——斑马

斑马全身布满黑白相间的条纹，这些条纹一方面具有扰乱敌人视线的功能，一方面还是种族间互相辨认的标志。斑马的奔跑速度很快，黑白条纹的"衣服"可以帮助它巧妙地隐身，因此常常能躲过狮子等猛兽的追杀。

高明的"隐身术"

科学家发现，眼睛对黑白两种颜色的感光程度有差异。斑马在"服装"进化过程中，巧妙地运用了这一点，再加上它奔跑速度极快，给捕猎者一种"雾里看花"的感觉，从而能躲过追击。

斑马身上的条纹漂亮而雅致，是同类之间相互识别的主要标记之一，更重要的则是形成适应环境的保护色，作为保障其生存的一个重要防卫手段

团结力量大

阅历丰富的雌斑马通常是斑马群体中的领袖。遇到敌人时，老斑马会指挥大家屁股朝外，围成一个圆圈，猛踢后腿，这是斑马最拿手的"团体防御法"。

结成小群游荡的斑马

↑ 正在饮水的斑马

"水利专家"

在所有动物中，斑马找水的本领最高强。它们可以找到干涸的河床中有水的地方，然后用蹄子挖土，有时甚至可以挖出深达1米的水井，这些水井也方便了其他动物。

条纹的巨大价值

在非洲大陆，有一种可怕的昆虫——舌蝇。动物一旦被舌蝇叮咬，就可能染上"昏睡病"——发烧、疼痛、神经紊乱，直至死亡。但是斑马却能成功地躲过舌蝇的叮咬，因为舌蝇只被同一颜色的大块面积所吸引，对一身黑白条纹的斑马往往视而不见。

↑ 斑马的条纹具有不易暴露目标的保护作用，对动物本身是十分有利的，还可防止昆虫的叮咬

母子间的"情感交流"

斑马妈妈会花很多时间为刚出生的斑马宝宝舔舐身体，这样做是为了与宝宝彼此熟悉气味，增进"情感交流"。

↑ 斑马

知识小笔记

类　　属：哺乳纲、奇蹄目、马科
身　　长：2～2.4米
体　　重：约350千克
食　　物：杂草
分布地区：非洲草原，尤其是肯尼亚和埃塞俄比亚

澳洲的象征——袋鼠

袋鼠是澳大利亚最高大的动物，看似温文尔雅，实际上强悍好斗。袋鼠以胸前的大口袋而闻名，也就是育儿袋。只有负责生育的雌袋鼠才有育儿袋，小袋鼠在里面吃奶、睡觉和玩耍，直到它们长大，能够独立生活为止。

拳击比赛

袋鼠之间经常举办一些"拳击赛事"，其实在它们的世界中，这只是一种无聊时玩的游戏。不过这种游戏有时也被用在向异性表达爱意上。为了争夺伴侣，雄袋鼠之间经常爆发激烈的战争，它们会用强劲的后腿互相踢打对方，甚至还用嘴撕咬。

▶袋鼠

最大的"肚兜"动物

在所有长"袋子"的动物当中，个头最大的要数红袋鼠。一只成年的红袋鼠站立起来足有2米高，从鼻尖到伸直的尾部，总长度将近3米，体重约90千克，每小时的跳跃速度可达74千米。

▶红袋鼠善于跳跃，大尾巴则保持平衡

袋鼠宝贝

初生的小袋鼠只有花生粒那么大。它没有毛，而且什么也看不见。它一生下来就爬进妈妈的育儿袋里，然后选中一个乳头吸吮乳汁。直到育儿袋中没有足够的空间容纳它时，它才离开妈妈的怀抱。

▶育儿袋里有四个乳头。幼崽或小袋鼠就在育儿袋里被抚养长大，直到它们能在外部世界生存

形象代言人

袋鼠是澳大利亚草原独有的动物，澳大利亚的国徽上就有袋鼠的标志。

出人意料的逃跑方法

袋鼠碰到强大的天敌时，它会以最快的速度逃离。当敌人穷追不舍时，它会突然转身，跃过敌人，朝反方向逃跑。这种做法常令追击者目瞪口呆。

▶跳跃的袋鼠

知识小笔记

类　属	哺乳纲、有袋目、袋鼠科
身　长	2～3米
体　重	约90千克
食　物	草、树叶
分布地区	澳洲大陆

中国的国宝——大熊猫

大熊猫是我国独有的动物，它圆滚滚的身材、黑白分明的皮毛和憨态可掬的形象赢得了世界各地人们的喜爱。目前，大熊猫的总数仅有几千只，人类已在尽最大的努力留住这种珍贵稀有的动物。

名字趣闻

最初大熊猫的名字叫"猫熊"，1869 年一个叫大卫的法国人来到中国，他被这种奇妙的动物所震撼，就把猫熊介绍给全世界。因为外国人不知道当时中国的字是从右往左读，后来就渐渐地被叫成了"熊猫"或"大熊猫"。

◀ 大熊猫

▶ 倒立在大树上的大熊猫

划分地盘

笨拙的大熊猫常常会在大树旁倒立，可别以为它在做高难度"体操"，其实这是为了将体味留在树干上，以避免和一些"兄弟"发生冲突。

知识小笔记

类　属：哺乳纲、食目、熊科
身　长：1.2 ~ 1.8 米
体　重：60 ~ 110 千克
食　物：竹子、昆虫、鱼
分布地区：中国西部海拔 2 500 ~ 4 000 米的高山上

疼爱宝宝

　　熊猫幼崽生下来时非常小，熊猫妈妈有时会把它们捧在手上，寸步不离，甚至不吃不喝。等幼崽稍大后，熊猫妈妈就将孩子抱在怀里。行动时，它们会把孩子驮在背上。就这样一直用乳汁喂养2年。

→熊猫妈妈和幼崽

留住"国宝"

　　如今，大熊猫已经成为濒临灭绝的动物。为了保护大熊猫，我国成立了四川卧龙自然保护区，全世界的人们都在尽力维护其环境使这一物种在地球上永远生存下去。

最钟爱的食物——竹子

　　竹笋和竹叶是大熊猫最喜欢的食物，不过它们偶尔也吃香红花、龙胆草、鱼、昆虫及一些小型动物。大熊猫一天当中差不多有14个小时都在进餐，它一天能吃掉20千克竹子。

↑可爱的大熊猫

人类的"近亲"——猩猩

猩猩和大猩猩、黑猩猩、长臂猿统称类人猿。它们具有和人类最为接近的体质特征，并会像人类一样表达自己的情绪，许多行为都与人类非常接近，所以说它们是人类的"近亲"。

认识镜像的猩猩

人类通过镜子认识自己的镜像，令人难以置信的是，在这个世界上，还有两种动物认识自己的镜像，你知道它们吗？那就是海豚和猩猩，它们都是自然界中的高智商动物。

◀ 猩猩是世界上最大的树栖动物，也是繁殖最慢的哺乳动物，被认为是萌芽社会的隐居者，它们建立的地区性模式使人回想起了人类早期的文化

丛林里的男高音

雄猩猩发出的声音非常大，在密林中可以传出1千米远，这能帮助它确定自己的领土。有时它会拍打着自己的胸脯嗷嗷大喊，似乎在说："我是人猿泰山！"

➤ 愤怒的猩猩发出巨大的吼叫声

温和的大猩猩

大猩猩大都健壮魁梧，它们全身覆盖着黑褐色的毛，但有些大猩猩的毛略呈灰色，有些则长着棕红色的毛。别看大猩猩的外表长得粗暴可怕，其实它们性情很温和，不太喜欢争斗。

◀ 大猩猩的群非常灵活，一个群往往会在找食物时分开

情绪化的动物

大猩猩非常聪明，它与人类一样有情绪，包括爱、恨、恐惧、悲伤、喜悦、骄傲、羞耻、同情及妒忌等，被搔痒时甚至会哈哈大笑！

▶ 大猩猩喜欢吃植物的果实，还有茎和叶，它的前肢特别灵活，可以用前肢找到食物并把食物放进嘴里

制造工具的黑猩猩

黑猩猩制造工具的本领很强大。它会找来小树枝，将小树枝上的叶子拔除后，插入白蚁洞中，引诱白蚁爬到树枝上，再抽出树枝慢慢享用美味的白蚁。黑猩猩还能将树叶咬至柔软后浸水，然后饮用。

▸ 黑猩猩

知 识 小 笔 记

类　　属：哺乳纲、灵长目、猩猩科
身　　长：70 ～ 100 厘米
体　　重：40 ～ 50 千克
食　　物：果实、蚂蚁
分布地区：非洲中部赤道地区

最小的猴——眼镜猴

眼镜猴分布于苏门答腊南部和菲律宾的一些岛上，它的体长和家鼠差不多，只有成人的手掌那么大，体重在 100 ～ 150 克。眼镜猴的性情温顺，头大而圆，眼睛特别大，适于夜视。

吸盘手

眼镜猴有着长长的手指和脚趾。每个手指和脚趾的前端都有吸盘状的圆形衬垫，这有助于它抓紧树干和树枝。

眼镜猴前肢短、后肢长，趾尖有圆形吸盘，而跗骨特长，因而有"跗猴"之称

慈爱的妈妈

眼镜猴妈妈特别会照顾孩子。小眼镜猴常常躺在妈妈的肚皮上，用爪子抓着妈妈的皮毛，把尾巴绕过妈妈的后背。妈妈的尾巴则穿过后肢托着小宝宝的身体，让小宝宝感到安全又踏实。眼镜猴妈妈还时常低下头朝宝宝发出温柔的哼哼声，像唱催眠曲似的。

娴熟的跳跃技巧

眼镜猴在树枝上移动时很笨拙，通常它是通过跳跃来移动的。跳跃时，它伸直自己长长的后腿跳向空中，再落在距离自己 2 米远的另一棵树上。如果有必要，它还能中途拐弯。

颈短，这是许多跳跃类群的特征。眼镜猴有高度适应树上跳跃的能力，能在树枝间十分准确地跳跃，距离可达几米

▶眼镜猴有一双大眼睛，非常适于夜间捕食

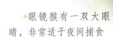 睁一只眼，闭一只眼

许多眼镜猴的一只眼睛就重达 3 克。它们对危险非常敏感，甚至在休息时，也会睁着一只眼。

转 360 度

在身体不动的情况下，眼镜猴的头几乎能转动整整一圈，这有助于它发现猎物和发现敌人。

亟待保护的小生命

因为一些人相信眼镜猴的骨头可当作药来治病，所以，眼镜猴曾经遭到大量捕杀，现在数量很少，已经被列为国际保护动物。

◀由于岛上的森林越来越少，眼镜猴失去适合栖息的环境，因而面临绝种的边缘

知识小笔记

类　属：哺乳纲、灵长目、眼镜猴科
身　长：9 ~ 16 厘米
体　重：100 ~ 150 克
食　物：蝗虫、蜘蛛
分布地区：苏门答腊南部和菲律宾的一些岛上

用手臂荡秋千——长臂猿

作为猿类家族中最小巧的一类动物，长臂猿以其独特的体型和滑稽有趣的动作吸引着我们每一个人的注意力。在我国南方的原始森林里，这些精灵们在这里已生活了很多很多年。

🐘 猿类家族成员

猿类家族中的猩猩和长臂猿是最接近人类的动物，因此也被称为类人猿，长臂猿就是四大类人猿之一。早在 3 000 年前，我们的祖先就已经知道长臂猿了。

➤ 长臂猿能用单臂把身子悬挂在树枝上

🐘 岌岌可危

人类不合理地开采山林，使长臂猿的生存环境遭到破坏，长臂猿的数量也急剧下降，因此长臂猿被列为国家一级保护动物，它们生活的森林也被保护起来。

🐘 长长的前臂

长臂猿的身高还不到 1 米，但是它的双臂如果伸展开，长度却有 1.5 米，因此它的前臂看起来很长。长臂猿喜欢用长臂在森林里荡来荡去，寻找食物。

➤ 长臂猿在绳索上表演特技动作

知识小笔记

类　　属：哺乳纲、灵长目、长臂猿科
身　　长：不足 1 米
体　　重：5 ~ 7 千克
食　　物：树叶、果实
分布地区：中国南部森林

白色猿猴

长臂猿的体毛颜色较浅，和深绿色的树丛相比，它看起来像是白色的，因此也被叫作白猿。

两岸猿声啼不住

长臂猿曾经分布在我国长江流域，唐代大诗人李白在乘舟于长江时，就曾经写过"两岸猿声啼不住"的诗句，来形容长江两岸的自然风光。

▶长臂猿

古怪的行走

当长臂猿在地面上活动的时候，它会尝试用双腿走路，这个时候长长的手臂就成为保持平衡的重要部分。为了保持平衡，长臂猿在行走的时候需要不断地调整身体姿势，因此行走起来歪歪扭扭，样子滑稽可笑。

▲长臂猿可以直立行走

貌似温和的杀手——棕熊

棕熊的身体粗壮，走起路来摇摇晃晃，看上去笨手笨脚的。但实际上它灵敏异常，奔跑、游泳和爬树，棕熊样样在行。棕熊的胃口很大，而且不挑食，什么东西都可以吃。

暴怒的饥饿者

北美灰熊是棕熊的一种。它脾气暴躁，力气非常大，几乎是完全的肉食性动物，饥饿时会从狼群口中夺食。

幸福的小棕熊

刚出生的小棕熊非常脆弱，但是妈妈的奶营养丰富，几个月后它们就能四处活动了。母熊为了保护幼熊，甚至连孩子的父亲都不让靠近。它们会一直在妈妈的身边享受温馨的家庭生活，直到2岁后完全长大，才会离开妈妈独自生活。

小棕熊依偎在妈妈身边

全能冠军

别看棕熊平时行动很缓慢，但如果遇到危险，它就会爆发出惊人的速度，有时可以达到每小时 50 千米。棕熊还是动物界的大力士——它可以用熊掌劈断一棵碗口粗的树。另外，它也是游泳和爬树的高手。

▶棕熊是一种适应力比较强的动物

冬眠会醒来

生活在北方寒冷森林中的棕熊有冬眠的习性，它是睡在洞穴里过冬的。不过与青蛙不同，这是一种沉睡，一旦受到惊扰，它便会醒来，不再入眠。

人熊

阿拉斯加棕熊身长可达 3 米，重可达 800 千克。因为它有时候会用两条后腿直立行走，所以又称为"人熊"。直立行走可以使人熊更好地观察四周的动静、及时发现食物以及快速躲避敌人。

▶棕熊

知识小笔记

类　属：	哺乳纲、食肉目、熊科
身　长：	1.5 ～ 2.8 米
体　重：	150 ～ 500 千克
食　物：	果实、蚂蚁、鱼、鹿
分布地区：	亚洲、欧洲及北美洲

九节狼——小熊猫

小熊猫是一种害羞的动物，尽管它的名字看上去与大熊猫十分接近，但在血缘上却和浣熊更为接近。小熊猫背部的毛色呈赤红色，四肢则呈棕黑色。柔软蓬松的尾巴既能使它们在运动中保持平衡，睡觉时又可以当作舒适的枕头和被子。

名字来历

小熊猫尾巴上有 9 条黄白相间的条纹，因此被人们称为"九节狼"。说它是"狼"，其实它的大小和猫差不多，动作也和猫一样灵巧。

"探路仪"

小熊猫的胡须是最理想的探测仪器，常常帮它在黑暗中探知前方的路。

▲ 小熊猫的胡须可以用来探路

将母爱留给弟妹

雌小熊猫每胎会产下 2 ～ 3 只幼崽，这些小宝宝生下来就在妈妈的呵护下生活。可是，等它们的弟弟妹妹出生后，它们就不得不离开妈妈独立生活了。

▲ 可爱的小熊猫

知 识 小 笔 记

类　　属：哺乳纲、食肉目、浣熊科
身　　长：40～60 厘米
体　　重：约 6 千克
食　　物：树叶、果实、小鸟
分布地区：中国西南地区、尼泊尔、缅甸北部的高山森林中

▲ 在树上的小熊猫

食谱

　　小熊猫最常见的进食姿势是坐下来用前掌握着食物吃。它主要的食物是冷箭竹和大箭竹的叶子、竹笋，占食物总量的 90% 以上，偶尔也吃其他植物的根、茎、嫩芽、嫩叶、野果以及昆虫、小鸟、小型兽类等，尤其喜欢吃带有甜味的食物。

救救小熊猫

　　由于人们长期砍伐森林、乱捕滥杀，野生小熊猫的现状已经不容乐观。很多地区的小熊猫仅残存在极为狭窄的区域，对繁衍后代造成了很大的困难。此外，一些恶性的传染病也是小熊猫死亡率较高的一个因素。

▶ 小熊猫

多刺的独居动物——刺猬

刺猬浑身都是刺，让"敌人"望而生畏。它的视觉和听力都不好，但嗅觉却十分灵敏，在沙漠、森林、平原都可以找到刺猬的身影。刺猬到了冬天会冬眠，生活在沙漠地区的刺猬还会夏眠呢。

小刺猬的刺

小刺猬出生时身上并没有针刺，因为如果长刺就会刺伤刺猬妈妈。但出生几小时后，小刺猬的背上就会慢慢长出短而稀疏的刺来，并随着体重增加越变越浓密。

▶小刺猬刚出生时刺是软的

致命的克星

刺猬的针刺非常厉害，遇到敌人时，刺猬会把自己缩在一起，团成一个带刺的小球，这个"刺球"能让一些大型的兽类望而却步。但是黄鼠狼却毫不畏惧，它释放的臭气能将刺猬熏昏，昏迷中的刺猬会逐渐放松身躯，最终丧命。

▶刺猬遇敌害时能将身体卷曲成球状，将刺朝外，保护自己

知识小笔记

类　属：哺乳纲、食虫目、猬科
身　长：约30厘米
体　重：400～500克
食　物：草根、果实、昆虫
分布地区：除南极以外，世界各地都有分布

敏锐的嗅觉

刺猬的嗅觉十分灵敏，它的鼻子总是湿漉漉的，能闻到地表以下 3 厘米处的小虫子。

➡刺猬有较长的鼻子，它的触觉与嗅觉很发达

年复一年的生活

小刺猬一般在 6 月底 7 月初降生，出生后 3 周内，它以母乳为食。3 周以后，它开始在母亲的带领下外出觅食。秋天，刺猬拼命吃东西来储存脂肪以备冬眠。10 月，刺猬进入冬眠状态，次年 3 月会从冬眠中醒来。

可怕的危机

并不是所有的刺猬都会从冬眠中醒来。对刺猬来说，450 克是个性命攸关的数字，体重低于这个重量的刺猬大多在冬眠之后不会醒来。

➡刺猬在秋末开始冬眠，直到第二年春季，气温暖到一定程度才醒来

沙漠之舟——骆驼

骆驼分为单峰驼和双峰驼。它们身躯庞大，四肢细长有力，脚上长有厚厚的皮和两个宽大的脚趾，很适合在沙地上行走。骆驼的眼睑和鼻孔都有着特殊的生理结构，具有良好的保护功能，可以抵御沙漠中的风沙。

🐫 环境练就的本领

骆驼既耐饥渴又善饮，在沙漠中，骆驼可以几天不进食、不进水，但是在找到水源后，单峰驼可以在 10 分钟内饮入 100 升水，双峰驼则比较耐饿。

▶骆驼

🐫 对沙尘的防护

骆驼的眼睛和鼻孔都很大，这使它有很好的视觉和嗅觉。在沙尘暴中，骆驼那长长的眼睫毛可以很好地保护眼睛免受沙尘的侵扰。同时，它也会闭上隙状的鼻孔，把沙尘拒之鼻外。

在沙漠中行走的骆驼

保护双峰骆驼

在我国新疆境内的阿尔金山自然保护区和罗布泊内生活着一种双峰骆驼，是世界上唯一靠喝咸水生存的动物，它的存在可以说是一种奇迹！这是一种比熊猫还稀少的动物，保护它们的工作迫在眉睫。

▶双峰骆驼

▲驼峰里储存能量

储存能量的驼峰

骆驼的驼峰中储存着脂肪，而不是水。刚出生的小骆驼是没有驼峰的，只有当它渐渐长大，开始吃固体食物后，它的驼峰才逐渐长出来。

变化的体温

与许多哺乳动物不同，一只健康骆驼的体温是变化的。一天中，骆驼体温的变动范围在 34 ~ 41.7℃。变化的体温使骆驼能在炎热的天气里不出汗，从而最大限度地保持自己体内的水分。

▶骆驼

知识小笔记

类　　属：	哺乳纲、偶蹄目、骆驼科
身　　长：	约3米
体　　重：	400 ~ 500 千克
食　　物：	树叶、草
分布地区：	中国的西北，阿拉伯，非洲中、北部和蒙古的沙漠地区

北极的主宰——北极熊

北 极熊是北极地区最大的食肉动物。它全身披着厚厚的白毛，甚至耳朵和脚掌也是如此，仅鼻头有一点儿黑。北极熊擅长游泳，但一生大部分时间都在浮冰上度过。

再冷也不怕

北极熊穿着双层"保暖衣"：一层是它那浓密柔软的长毛，可以吸收热量；在皮下还有一层厚厚的脂肪，可以减少热量的散失，所以北极熊在零下40℃的环境中依然能够安闲地生活。

▶北极熊浓密柔软的长毛，可以抵御寒冷

自知之明

如果北极熊在游泳时遇到海豹，它会视而不见。因为它深知，在水中它不是海豹的对手，与其拼死拼活地决斗一场，还不如放海豹一马，也不消耗自己的体力。

◀北极熊

知识小笔记

类　属：哺乳纲、食肉目、熊科
身　长：2～2.6米
体　重：400～800千克
食　物：海豹、海豚、鱼
分布地区：北极

切磋功夫

北极熊之间经常"张牙舞爪"地嬉戏打闹，其实它们只是相互试试实力，只有在争夺配偶时，雄性之间才会发生真正的较量。

▶两只打闹的北极熊

粗暴的"新郎"

当公熊与母熊相会之后，如果两情相悦，双方便一起漫步于晶莹剔透的冰上谈情说爱。如果母熊对公熊感到不满意，公熊往往会对母熊施加暴力逼迫，母熊哪里是公熊的对手，最后只得不情愿地做了"新娘"。

聪明的狩猎者

北极熊可以连续几个小时在冰面上等候海豹，并会用熊掌捂住鼻子，以免自己的气味和呼吸声将海豹吓跑。当海豹刚爬上水面，"恭候"多时的北极熊便会以极快的速度，朝海豹的头部猛击一掌，可怜的海豹还不知道发生了什么事儿就一命呜呼了。

▲站在冰天雪地里的北极熊

高山兽王——雪豹

雪豹从名字或皮毛上看和其他的豹类是一家，实际上它可能和虎的血缘更为接近。它是唯一生活在冰冷山区的野生猫科动物。雪豹全身的毛色灰白，通体布满黑色的斑点，是豹类家族中最美丽的一种。

夜行性动物

雪豹是夜行性动物，白天要么待在岩洞里闭目养神，要么躺在高山的岩石上晒太阳。在黄昏或黎明的时候它最为活跃，喜欢在山脊和溪谷地带悠闲地游走。

➤昼伏夜出，每日清晨及黄昏为捕食、活动的高峰

数量减少的原因

雪豹的皮毛有很高的经济价值，所以一直是不法分子猎杀的对象。同时，雪豹靠捕食岩羊为生，岩羊的数量下降也给雪豹的生存造成了威胁。由于雪豹很难适应低海拔地区的气候、气压等变化，所以在其他地区繁殖率很低。

➤人类的活动给雪豹这种大型猫科动物带来了巨大的生存压力

知·识·小·笔·记

类　属：哺乳纲、食肉目、猫科
身　长：1.1 ~ 1.3 米
体　重：38 ~ 75 千克
食　物：野兔、羊
分布地区：亚洲喜马拉雅山及阿尔泰高山地区

▶正在等待猎物的雪豹

机警的猎人

雪豹捕食时很会伪装自己，常常利用体毛的颜色隐蔽在堆满积雪的悬崖边，静等猎物出现，像极了一个"机警的猎人"。

生活在深山上

雪豹栖息在高山积雪地带，在青藏高原、新疆、甘肃、内蒙古等地都可见到它的身影。在可可西里，雪豹夏季居住在海拔 5 000 ~ 5 600 米的高山上，冬季一般会迁居到海拔相对较低的山上。

▲生活在深山上的雪豹

跳跃高手

雪豹四肢矫健，行动敏捷，十几米宽的山涧它能一跃而过，三四米高的山岩更不在话下。粗大的尾巴是它掌握方向的"舵"，使它在跃起时可以转弯，因此雪豹捕食的能力很强。

▶雪豹

贪睡的小家伙——考拉

考拉也叫作树袋熊、无尾熊，它行动迟缓，憨态可掬，是澳洲非常出名的动物。考拉身上长着又厚又密的软毛，毛色由岩灰色过渡到微棕色。见过它们的人，都忍不住要去抱抱它们，因为它们实在太惹人喜爱了。

名字的由来

考拉的名字"koala"本来是澳大利亚土著语中"不喝"的意思。除非生病，考拉平时都不喝水，它身体所需的水分全部来自它所吃的桉树叶。"考拉"这个名字就起源于它的这种特殊行为。

考拉的长相酷似小熊。它性情温顺，体态憨厚，非常招人喜欢。考拉通常会发出"嗡嗡"声和"呼噜"声与同伴交流，也会通过散发的气味发出信号

生活习性

考拉的一生大部分时间在桉树上度过，很少下到地面。它们的食物以桉树叶为主，偶尔吃一些其他树叶。因为考拉吃了大量的桉树叶，所以它浑身都散发着桉树叶的气味。

艰难的生存

考拉最初是澳大利亚土著人和野狗的主要食物来源之一，后来很多人为了得到它的皮毛而对其进行大量的捕杀。如今，随着人类活动区域的增大，考拉的栖息地日渐缩小。

▶考拉肌肉发达，四肢修长且强壮，适于在树枝间攀爬

误会

在动物园里看到的考拉通常都在睡觉，我们会觉得它可真是个懒惰的小家伙。其实，是我们误会了它。因为考拉只吃树叶，而树叶的能量实在是太少了，所以考拉就靠睡眠来补充能量，每天要睡 18 ～ 22 小时。

坐着好舒服

考拉的皮毛又厚又密，这样它就可以很舒适地坐在树上，而不会被树枝硌痛。

知 识 小 笔 记

类　属：哺乳纲、有袋目、树袋熊科
身　长：70 ～ 80 厘米
体　重：8 ～ 15 千克
食　物：桉树叶
分布地区：澳大利亚东部

海上霸主——鲸

全 世界有90多种鲸,分为两大类:须鲸类和齿鲸类。须鲸类没有牙齿,有鲸须和两个鼻孔,如蓝鲸等;齿鲸类有牙齿,没有鲸须,有一个鼻孔,能发出超声波,并有回声定位能力,如虎鲸等。

独特的生理构造

所有种类的鲸都没有体毛,皮肤裸露,也没有汗腺和皮脂腺。它们皮下的脂肪很厚,可以帮助它们保持体温,还可以减轻身体在水中的比重。

▶鲸在水里游泳时,靠上下摆动尾鳍的方式前进,而一般鱼类靠左右摆动尾鳍来使身体前进

蓝鲸的尾巴

蓝鲸在潜水之前总是将尾巴露出水面,再让身体高高跃起,升到水面吸气,最后才潜入水中去觅食。平时它也喜欢用尾鳍打水,可能是在做游戏,也可能是为了引起同伴的注意。

▼蓝鲸

🦊 杀人鲸

杀人鲸也叫作虎鲸，生性胆大而狡猾，凶残又贪婪，不管海洋中的什么生物，小到鱼虾、海鸟，大到鲨鱼、海象，甚至蓝鲸都难逃活口。它们经常装死去诱捕猎物，捕到猎物后集体共享美餐。

▶ 动作矫健的虎鲸

▲ 白鲸

🐒 海里的金丝雀

白鲸会发出很多声音：口哨声、当当声、牛叫似的哞哞声等，所以有人为它们取了一个美丽的绰号"海里的金丝雀"。其实，白鲸的歌唱是与同伴之间的一种交流。

🦊 细嚼慢咽

别看蓝鲸身躯庞大，但是它的喉咙却非常狭窄，只能慢慢咽下体宽在 5 厘米以下的小鱼。这样的生理结构有利于海洋鱼类的繁衍生息——如果很多成年鱼类也被蓝鲸吃掉，那么海洋中的鱼类很快就濒临灭绝了。

知 识 小 笔 记

类　属	哺乳纲、鲸目
身　长	6 ~ 30 米
体　重	最重约 190 000 千克
食　物	虾、鱼类
分布地区	南、北极附近海域和北太平洋海域

用耳朵探路的精灵——蝙蝠

蝙蝠的头很小，耳朵较大，脸部怪异，与老鼠有些相似。蝙蝠分为大蝙蝠和小蝙蝠两类，最大的蝙蝠重达1.5千克，而最小的仅有14克重。蝙蝠喜欢白天休息，夜晚活动觅食。

特技飞行

蝙蝠是唯一会飞的哺乳动物，它善于在空中做圆形转弯、急刹车和快速变换飞行速度等各种"特技飞行"。

◀ 几乎所有的蝙蝠都是白天休息，夜晚觅食

回声定位

蝙蝠的视力很弱，靠喉内发出的超声波来捕食。当声波碰到障碍物或昆虫时会反射回来，并被蝙蝠的耳朵接收，蝙蝠据此推测目标是昆虫还是障碍物，并度量出与它的距离，这就是蝙蝠的"回声定位"。

▲ 蝙蝠主要依靠回声来辨别物体，有一些种类的蝙蝠面部进化出特殊的增加声纳接收的结构，如鼻叶、脸上的褶皱和复杂的大耳朵

飞行的蝙蝠

恐怖的"吸血杀手"

在美州的一些地方，有一种吸血蝙蝠，专门以吸取其他动物的血液为生。它总是很小心地飞到袭击对象眼前，在天空盘旋，观察和寻找下手的机会，多在动物熟睡时吸血。每次吸血时间大约 10 分钟，最长可达 40 分钟，最多可吸 200 克，相当于自身的体重。

团结的队伍

蝙蝠出门猎食的时候，会把小宝宝留在"育婴房"中，这时它们便紧紧地挤在一起，借此保持体温。没有生育的雌蝙蝠像位有爱心的"阿姨"，会以自己的体温温暖群体中的幼儿。

蝙蝠

倒挂的动物

蝙蝠白天在屋顶或树洞内倒挂着睡觉，蝙蝠宝宝出生后，会用爪牢固地挂在妈妈的胸部吸乳，在妈妈飞行的时候也不会掉下来。

蝙蝠趾端有钩爪，可以牢牢地钩住物体，因此常倒挂在洞穴里或屋檐下休息

知识小笔记

类　属：哺乳纲、翼手目、蝙蝠科
身　长：0.14 ~ 0.9 米
体　重：0.14 ~ 1.5 千克
食　物：树叶、昆虫、蛙
分布地区：除南极外，世界各地都有分布

快乐的懒蛋——家猪

猪 是我们身边最常见的动物，它长着四条短腿、臃肿的身躯和一个大脑袋，最明显的特征是长长的嘴，以及有两个大鼻孔的圆鼻子。人们一直认为猪又懒又笨，其实它是一种非常聪明的动物。

家猪的祖先

家猪的祖先是野猪。大约在 5 000 年前，一些野猪经常在人类聚居的地方找寻吃剩下的食物，后来它们就渐渐被人驯养，成为家畜。

➤野猪是杂食性的动物，只要能吸收的东西都吃

浑身都是宝

别看家猪长得不起眼儿，可它浑身都是宝。它的肉可以食用，皮可制革，鬃毛可用来制作刷子和其他工业原料。有一种迷你猪，因其内脏和人类的内脏相似，所以常被用于各种医学实验。

▲家猪喜欢在泥土里打滚，这样看起来很脏，实际上这是在帮助它赶走身体上的寄生虫

一点儿也不笨

人们对猪存在着很深的偏见，嫌它脏、笨、懒。其实猪并不笨，经过训练，它能学会狗所能做的任何技巧，而且比狗学得还快。猪会打滚、跳舞、取报纸、拉车子，甚至还会把东西找回来。

▶ 猪在动物里面属较高智商者。美国科学家经实验发现，猪可以很快地学会一些简单的道具使用方法，在动物中仅次于智商最高的黑猩猩

▲ 猪宝宝正起劲地吃着妈妈的奶，这同时也是它们通过嗅觉和味觉在和妈妈交流

可爱的小猪

家猪一次大约可以生 10 只左右的小猪，小猪出生后的 1 ～ 2 天内会各自找到一个合适的乳头，之后在整个哺乳期间都不会改变。吃完了奶小猪就呼呼地睡大觉，长得非常快，大约 3 周后，小猪就可以离开妈妈了。

喜欢拱着吃

猪喜欢拱泥土和墙壁，这是因为它喜欢吃生长在地下的植物块根和块茎。它用鼻、嘴把土拱开，就比较容易吃到泥土里的食物，同时也吃了泥土中的磷、钙、铁等各种矿物质。

▶ 猪鼻子是高度发育的器官，在拱土觅食时，嗅觉起着决定性的作用

知识小笔记

类　　属：哺乳纲、偶蹄目、猪科
身　　长：0.9 ～ 1.8 米
体　　重：50 ～ 200 千克
食　　物：草、果实、粮食
分布地区：除南极外，世界各地都有分布

曾经的战士——马

一直以来,人类都对马有着特殊的感情。在没有交通工具之前,马一直是人类最重要的交通工具;在战场上,它和人类并肩作战,是最顽强的战士。喜欢马的人都以拥有一匹良马而自豪。

勇猛的战士

马被人类驯化的时间可以追溯到5 000年前,它曾经是最勇猛的战士。当年成吉思汗的铁骑曾踏遍半个地球,俄罗斯的哥萨克骑兵也曾使敌人闻风丧胆。

▶骏马奔腾在辽阔的草原上

特殊的"语言"

马有自己的"语言",它的"语言"主要是通过耳朵的不同姿态来表示的。耳朵竖起来微微摇动,表示"很高兴";耳朵前后、左右不停地摇晃,表示"不高兴";耳朵静静地倒向后边,表示"兴奋";耳朵向前倒或倒向两边,表示"疲劳"。

▶马耳朵位于头部的最高点,耳翼大,耳肌发达,动作灵敏,旋转变动角度大

→马听觉和嗅觉敏锐。两眼距离大，视野重叠部分仅有30%，因而对距离判断力差；对近距离物体则能很好地辨别其形状。在夜间也能看到周围的物体

老马识途

马的嗅觉和听觉都很灵敏，对气味的记忆很强。马的鼻腔很大，分成两个区，里面的嗅觉神经细胞很多，所以嗅觉特别发达。一旦迷路，可以根据气味返回原地。

知识小笔记

类 属：哺乳纲、奇蹄目、马科
身 长：1.5～2米
体 重：200～1 200千克
食 物：草
食 物：除南极外，世界各地都有分布

最古老的马种

阿拉伯马是地球上最古老的马种。一般意义上讲的东方马或纯种阿拉伯马，是指在阿拉伯地区培育的、具有沙漠血统的阿拉伯马。它在良种马中体型是最漂亮的。

终生站立

马终生站立，就连睡觉也是直立着，只有在得了重病时才躺下。这是从它的祖先那里遗传下来的。远古的野马生活在原野里，遇到敌害的突然袭击时，必须迅速逃走，站着睡觉可以让它逃得更快些。

←草原上的马

红眼睛动物——兔子

兔 子是一种小型哺乳动物，它的前肢比后肢短，善于奔跑和跳跃。平时，兔子是很温顺的，但是它一旦发起火来，你可千万不要去触摸它。俗话说："兔子急了也会咬人的。"

最显著的特征

兔子最显著的特征有三个：首先是它的上唇中央有裂缝，即俗称的"三瓣嘴"；其次，大多数兔子都长着一对漂亮的长耳朵；最后，所有的兔子都有一根翘翘的短尾巴。

可爱的小白兔

业余天气预报员

兔子是一种夜行动物，一般在晚上活动觅食。兔子吃东西时会警觉周围的动静。当它预感到要下雨时，就会在白天进食，因为雨声会扰乱它的听力而易遭袭击。所以，如果兔子白天进食的话，很多人认为是下雨的前兆。

兔子

不浪费一点儿营养

兔子爱吃萝卜、白菜等蔬菜，连菜根都吃得干干净净。所有的野兔都会吃掉自己的粪粒（第一次排出的未落地的粪便），这样做是为了彻底吸取食物中的营养。

▶兔子最喜欢吃的是多汁类的饲料

▲兔子竖起耳朵

多功能的长耳朵

兔子的听力非常灵敏，可以随时发现敌情，迅速逃跑。另外，长耳朵还可以用来调节体温。兔子在运动时，会将耳朵高高竖起，目的是让凉风将其中的血液冷却，再通过全身的血液循环，实现身体的降温。

兔宝宝的出生

兔妈妈要生宝宝时，首先会在草丛中铺上一层自己的毛，给小兔子营造一个安静舒适的家。每天清晨，是小兔子一天中唯一进食的机会，这时候千万不要打扰它哦。

▶兔妈妈和宝宝在一起

知识小笔记

类　属：哺乳纲、兔形目、兔科
身　长：30 ~ 50 厘米
体　重：2.5 ~ 4 千克
食　物：草、萝卜
分布地区：除南极外，世界各地都有分布

人类最忠实的朋友——狗

狗 是人类最忠实的朋友。它聪明、勇敢、忠诚，在人们的生活中起着很重要的作用。狗的嗅觉很敏锐，可以轻易察觉猎物留下的痕迹。因为这些特性，狗在搜寻、侦察等方面已经成为人类的好帮手。

散热降温

狗不能依靠身体出汗来散发自身的热量，所以它们为自己降温的方式与众不同，最常用的办法就是伸出舌头加速呼吸和脚垫排汗。

◀狗伸出舌头散热降温

知识小笔记

类 属	哺乳纲、食肉目、犬科
身 长	20 ～ 100 厘米
体 重	5 ～ 50 千克
食 物	杂食
分布地区	除南极外，世界各地都有分布

"好汉"不吃眼前亏

如果两只小狗个头差不多，它们就会为争夺食物展开"战斗"。遇到比自己强大的对手时，弱者会知难而退，以仰卧地上、露出其咽喉与肚皮的方式示弱，讨好对方。

▶狗的社会中也有一定的规则，如果一只狗被击倒后露出肚皮，其他狗就不再攻击它

小狗的成长

雌犬的孕期为 2 个月，每次能产 1 ～ 4 只小狗。刚出生的小狗嗅觉灵敏，但 9 天后才能睁开眼睛，10 ～ 20 天后才能听到声音。小狗吃妈妈的乳汁长大，一般在 4 ～ 8 个月后断奶，之后就可以独立进食了。

▸小狗吃奶

▴ 小狗

食不知味

狗的味觉器官很迟钝，吃东西时，很少咀嚼，几乎是在吞食。因此，狗不是通过细嚼慢咽来品尝食物的味道，而是靠嗅觉和味觉的双重作用。

狗的祖先

狗的祖先是凶残的狼。在一些偶然的机会里，猎人把初生的小狼带回了家，在猎人充满爱心的饲养后，发现驯育狼崽其实很容易，于是经过长期的驯养，终于培育出狗这种动物。如今，狗已经成为人类非常特殊的朋友。

▸人和狗成为好朋友

鸟　类

　　鸟类是有翅膀、羽毛和喙的温血动物。大多数鸟类都会飞，它们翩翩飞舞的身影为大自然增添了一道靓丽的风景。同时，鸟类对地球上昆虫数量的控制、植物种子的传播也起了很大的作用。

最大的鸟——鸵鸟

鸵鸟是世界上最大和最重的鸟。虽然是鸟，但翅膀已丧失了飞行能力。鸵鸟拥有着一双修长、有力的腿，可以不费力地跑很长的距离，最快每小时可以跑 70 千米。

▸鸵鸟

唯我独尊

当两个家庭碰到一起时，雄鸵鸟之间就会产生一股浓浓的火药味。为了显示地位，雄鸵鸟之间会展开激烈的战斗，失败者落荒而逃，胜利者则将全部的雌鸵鸟和小鸵鸟收编为自己的家族成员。

群居更安全

虽然鸵鸟的视力绝佳，身体也很强壮，尤其是它的大脚非常有力，有时候甚至能将一头狮子踢得无法招架，但是为了保证群体的安全，鸵鸟通常群居。一般 10 只左右一群，但也有 100 多只一群的。

▸群居的鸵鸟

知识小笔记

类　　属：鸟纲、鸵鸟目、鸵鸟科
身　　长：1.7 ~ 2.75 米
体　　重：60 ~ 160 千克
食　　物：果实、种子、树叶
分布地区：非洲东部沙漠、热带大草原

▶鸵鸟的翼相当大,但不能飞翔,羽毛蓬松而不发达,缺少分化,它的羽毛主要功用是保温

宽大的翅膀

鸵鸟奔跑时会伸开它那双大翅膀,这样可以使它的身体保持平衡。但它的翅膀不像其他会飞的鸟的翅膀有防水功能,一旦下雨,鸵鸟的羽毛就会被淋透。

食谱

鸵鸟食谱很杂,不同季节吃不同的食物。一般吃树叶、树根、种子等,但有时也吃蜥蜴等小型动物。鸵鸟还吃沙子、小石头,这些东西可以帮助它们"消化"。

▲鸵鸟属于走禽类,非常适合在广阔的沙漠荒原中生活

"童子军"领导者

鸵鸟"太太"的地位"高高在上",它将孵蛋的工作交给鸵鸟"先生"来完成。一只雄鸵鸟有时要为 5 只雌鸵鸟孵蛋,等到小鸵鸟出生,雄鸵鸟就成了一大群"童子军"的领导者。

澳洲鸵鸟——鸸鹋

鸸鹋是仅次于鸵鸟的第二大巨鸟，只有在澳洲草原才能见到，所以又有"澳洲鸵鸟"之称。它是澳洲最有代表性的动物，澳大利亚的国徽左边是袋鼠，右边就是鸸鹋。

怎能辨我是雄雌

雌鸸鹋和雄鸸鹋长得十分相像，让人很难分辨它们的"性别"。经过仔细观察，人们发现，只有雄鸸鹋才会发出"而喵"的叫声。

▶鸸鹋在澳洲的地位非常高

懂得"讨好"的家伙

鸸鹋很友善，若不被激怒，它从不啄人。当有汽车在公路边停下来时，鸸鹋毫无戒备，反而会大摇大摆地踱步而来，争抢着把头伸进车窗，一是对你表示亲近，二是希望你能给点儿好吃的。

▶在野生动物保护区里，鸸鹋能主动改善伙食，吃到游人喂它的面包、香肠及饼干等

失去飞行能力

鸸鹋的翅膀和鸵鸟一样已完全退化，无法飞翔。鸸鹋擅长奔跑，每小时能跑50千米以上，而且可以连续跑很久，跨跃能力也很强，一步便能跨出 1 ~ 2 米。

↑鸸鹋喜欢生活在草原、森林和沙漠地带，主要以草类为食，也爱吃一些草蝶及昆虫

↑鸸鹋

我的地盘我做主

如果一只雄鸸鹋侵犯了另一只雄鸸鹋的领地，它们之间会为争夺"势力范围"展开争斗。入侵者会遭到对方的报复，它用自己的利爪猛烈地去抓对方的胸部，碰撞的声音在很远都能听到，直到鲜血淋漓，它们才会停止战斗。

→鸸鹋喜欢生活在草原、森林和沙漠地带，全身披着褐色的羽毛，擅长奔跑。它是世界上第二大的鸟类，也是世界上最古老的鸟种之一

地位崇高

几年前，一支美国军队和一支澳洲军队在一起进行军事演习，不小心炸死了一只鸸鹋，致使演习中止，由此可见鸸鹋在澳洲的地位非常崇高。

知识小笔记

类　　属：鸟纲、鹤鸵目、鸸鹋科
身　　长：约 1.5 米
体　　重：45 ~ 50 千克
食　　物：树叶、昆虫
分布地区：澳洲草原

森林医生——啄木鸟

全 世界大约有180种啄木鸟，其中最常见的是大斑啄木鸟。啄木鸟非常勤劳，整天围着树干转，啄食树木里的虫子，一只啄木鸟一天可以吃上千条虫子，真是名符其实的"森林医生"。

凿洞专家

啄木鸟可以根据声音判断出树洞里有没有虫子。无论虫子藏得有多深，啄木鸟都会找到它。啄木鸟会在树干上凿出好几种不同形状的洞，有的作为哺育幼鸟的育婴室，有的作为自己的巢穴。

◀ 啄木鸟主要吃树木的害虫，对防止森林虫害、发展林业很有益处，是名副其实的"森林医生"

尖锐的喙

啄木鸟的喙很锋利，可以啄开厚厚的树干，它的舌头最长可达15厘米，舌头顶端还长有钩状的刺。这些特别的构造，使它能够轻而易举地啄食到树木中的害虫。

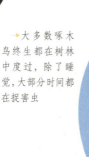

► 大多数啄木鸟终生都在树林中度过，除了睡觉，大部分时间都在捉害虫

知 识 小 笔 记

类　　属：鸟纲、䴕形目、啄木鸟科
身　　长：约 40 厘米
体　　重：约 60 克
食　　物：各种害虫
分布地区：欧洲东部、北非、印度东北、中国、日本

▶啄木鸟以在树皮中探寻昆虫和在枯木中凿洞为巢而著称。多数啄木鸟为留鸟，少数种类有迁徙的习性。大多数啄木鸟终生都在树林中度过

一生都在树上

啄木鸟的一生都在树上度过，它在树上筑巢安家，生育宝宝，每天都在树干上啄洞捉虫子。

减震器

啄木鸟敲击树干的速度非常快，每秒钟可达 20 次。如此快而有力的节奏产生的震动是非常大的，但这并不会影响啄木鸟的大脑，因为它的喙后面有一处柔软的区域，具有减震器的效果。所以无论它如何敲击树干，都不会震到脑部。

◀ 在凿洞的啄木鸟

长长的"眼睫毛"

啄木鸟在凿洞时会产生许多木屑，这些木屑有时可以飞落到周围 10 米之远。但是不用担心，因为啄木鸟的眼睛下方长有长长的细毛，这些细毛就像我们人类的眼睫毛一样，起到了很好的保护作用。

捕鼠能手——猫头鹰

猫头鹰的学名叫作鸮，是著名的夜行性动物。猫头鹰听力敏锐，视力极佳，所以它在夜间可以成功捕食猎物。一只猫头鹰一个夏天大约可以捕获 1 000 只老鼠，为人类做出了巨大贡献。

柔软的羽毛

猫头鹰周身的羽毛大多为褐色，稠密而松软。许多猫头鹰的脚部都长有厚厚的羽毛，可以避免在捕食蛇一类的动物时被咬伤。

猫头鹰头部正面的羽毛排列成面盘，部分种类具有耳状羽毛

随遇而安

猫头鹰是全世界分布最广的鸟类之一。除了南极地区以外，世界各地都可以见到猫头鹰的踪影。猫头鹰的窝有的筑在树洞里，有的筑在岩石中，有的筑在地面上，还有的筑在巨大的仙人掌中。

猫头鹰大多栖息于树上，部分种类栖息于岩石间和草地上

永远向前看

猫头鹰的大眼睛只能朝前看，要向两边看的时候，就必须转动它的头。猫头鹰的脖子又长又柔软，能转动270度。

▶猫头鹰

知 识 小 笔 记

类　属：鸟纲、鸮形目、鸱鸮科
身　长：约50厘米
体　重：2～4千克
食　物：老鼠、野兔
分布地区：除南极以外，世界各地都有分布

特别的耳朵

猫头鹰是夜间出来捕食的猛禽，听力对它来说特别重要。猫头鹰的头骨不对称，所以它的两只耳朵不在同一个水平面上，有利于根据地面猎物发出的声音来确定其正确位置。

▲ 大部分猫头鹰还生有一簇耳羽，形成像人一样的耳郭

▶雪猫头鹰

雪猫头鹰

生活在北极的雪猫头鹰有一套特殊的本领，当食物多时，它会大量繁殖；而食物少时，它会少生甚至不生。由于北极特殊的地理环境，雪猫头鹰被迫改变家族白天休息、夜间捕食的习性，因为它如果夜间捕食，则无法挨过北极夏季漫长的白天。

世界上最小的鸟——蜂鸟

蜂鸟是世界上最小的鸟，只有大黄蜂般那么大。虽然体型小巧，但每只蜂鸟都是飞行高手，可以表演各种飞行特技。蜂鸟主要以花蜜为食，偶尔也吃些小昆虫和小蜘蛛等。

🦏 特技飞行冠军

蜂鸟每小时可以飞行 90 千米，如果是俯冲的话，时速可以达到 100 千米。蜂鸟的翅膀可以向任何方向旋转，所以它可以猛地停下、盘旋，甚至倒着飞。这样高难度的飞行是蜂鸟独有的本领。

▶蜂鸟在夜里或不容易获取食物的季节，就进入"冬眠"，以此来减慢新陈代谢的速度

▶蜂鸟体强，肌肉强健，翅桨片状，甚长，能敏捷地上下飞、侧飞和倒飞，还能原位不动地停留在花前取食花蜜和昆虫

🦏 酷爱洗澡

蜂鸟酷爱洗澡，只要附近有可以利用的水，它一天可以洗好几次澡。有时甚至跟在洒水车后面，让水洒到身上，然后抖抖身子，就好像我们洗过澡一样，神清气爽。

勇敢的小家伙

蜂鸟虽然个头很小，却非常勇敢，当受到比自己大十倍、百倍的山鹰的威胁时，它也毫不退缩。它会尽情发挥自己高超的飞行技术，对准敌人的眼睛猛啄，直到把敌人赶走为止。

▸蜂鸟狂怒时，敢追赶比它大 20 倍的鸟，并附着在它身上，反复啄它，让它忍痛载着自己翱翔，一直到自己的愤怒平息为止

迁徙的蜂鸟

大部分蜂鸟分布于北美洲各地。其中红颈蜂鸟在佛罗里达南部越冬，而安娜蜂鸟和星蜂鸟则迁至墨西哥越冬，棕褐蜂鸟冬天会迁至墨西哥或加州南部海湾地区。

蛰伏

夜晚，辛苦了一天的蜂鸟不再进食，进入了良好的睡觉状态，体温也从正常的40℃降到21℃，这样它体内的能量消耗就会变少。这种出现在夜间的类似冬眠的状态，就是蜂鸟的"蛰伏"。

▸在所有动物当中，蜂鸟的体态最优美，色彩最艳丽

知识小笔记

类　　属：鸟纲、雨燕目、蜂鸟科
身　　长：约90毫米
体　　重：约20克
食　　物：花蜜、小蜘蛛、小昆虫
分布地区：北美洲各地

会飞的风景——巨嘴鸟

在 鸟类家族中,有一种鸟的嘴长得非常大,相当于整个身体长度的1/3,这种鸟就是巨嘴鸟。巨嘴鸟的羽毛和大嘴都非常漂亮,这些羽毛能帮助它很好地辨别同类、找到配偶。

栖息与种类

巨嘴鸟约有 40 个不同的品种,生活在拉丁美洲的阿根廷和墨西哥之间的热带丛林中,特别是巴西的亚马孙河一带,分布更为集中。

▶巨嘴鸟最显著的特征便是它那巨大而绚丽的喙

美丽的风景

有一种巨嘴鸟喙尖呈殷红色,大嘴的上半部分为黄色,下半部分则是蔚蓝色,再配上橙黄的胸脯、漆黑的背部以及眼睛周围的天蓝色羽毛形成的圆圈,构成了丛林中一道独特、美丽的风景。

▲巨嘴鸟的喙实际上很轻,远没有看上去那样重,外面是一层薄薄的角质鞘,里面中空,有不少细的骨质支撑杆交错排列着

知识小笔记

类　属:鸟纲、鴷形目、巨嘴鸟科
身　长:36 ～ 79 厘米
体　重:115 ～ 860 克
食　物:果实、昆虫、蜥蜴
分布地区:委内瑞拉,巴西,阿根廷西北部

杂技表演

巨嘴鸟吃东西时总是先用嘴尖把食物叼住，然后仰起脖子，把食物向上抛起，再张开大嘴，准确地将食物接入喉咙里。它这样进食，其实是为了缩短吞食的过程，因为它的大嘴实在是太长了。

◆ 巨嘴鸟的舌头很长，喙缘呈明显的锯齿状

憨态可掬

巨嘴鸟在树上活动时，往往是跳跃着前进的，就像在地上觅食的麻雀；而当它到了地上，为了保持行进中的平衡，只有把两只脚分得很开，像个大胖子在跳远，那样子又笨拙又可爱。

◆ 巨嘴鸟喜欢栖息于高处的树干和树枝上，雨天它会在树洞里用积水洗澡，还会用长长的喙轻轻地给对方梳理羽毛

独特的睡眠

睡觉时，巨嘴鸟的大嘴对它来说是个累赘。它不得不把头转过去，再把它的大嘴放到背上。至于它的尾巴，则卷向前方置于腹下，俨然成一个羽毛状的球。

◆ 巨嘴鸟

田园卫士——戴胜

全 世界大部分地区都有戴胜（古语"头戴华胜"之意）的踪影，它常常单独在空旷的原野及庄稼地里出现。戴胜有一个细长的尖喙，可以钻入土中把害虫一只只掏出来，因此被人们誉为"田园卫士"。

全身都是宝

戴胜最突出的特点是头顶上鲜艳的羽冠，羽冠张开时就好似一把打开的折扇。戴胜体色灰黄，并带有黑白相间的斑纹，这样的羽毛可以使它和周围环境融成一体，起到很好的保护作用。

戴胜

多功能头羽

戴胜的头羽有警示、展现、示威等功能。在受到惊吓时，戴胜的头羽会展开，看上去非常漂亮，其实是一种害怕的反应。在与其他同类、异类发生争斗时戴胜的头羽也会开屏，以此向来犯者示威。

头顶有醒目的羽冠，平时褶叠倒伏不显，直竖时像一把打开的折扇，随鸣叫时起时伏

"沙浴"除虫

戴胜的"沙浴"一般在中午或傍晚进行，它通常会选择在沙地或火烧后有草木灰的地方进行"沙浴"，用这种方式可以除去它身上的寄生虫。

戴胜是当地的冬候鸟，数量虽然不多，但是比较常见。栖息在开阔的田园、园林、郊野的树干上，有时也长时间伫立在农舍房顶或墙头。大多单独或成对活动，很少见到聚集成群的戴胜

活泼的绿林戴胜

绿林戴胜长着一条长长的带状尾，天性活泼，喜爱热闹。同伴之间常会相互炫耀，有些还会"表演"快速而夸张的鞠躬动作。它还有着"乐于助人"的热心肠，如果哪位同类妈妈出门觅食，其他戴胜就会主动帮它照顾幼鸟。

菜园中的除害专家

戴胜可以用细长的嘴巴啄食金针虫、蝼蛄等地下害虫。这些用农药也难以消灭的害虫，戴胜却能把它们消灭得一干二净。

知 识 小 笔 记

类　属：鸟纲、佛法僧目、戴胜科
身　长：约30厘米
体　重：60～80克
食　物：蝗虫、小蜥蜴
分布地区：欧亚大陆、非洲、马达加斯加岛及东南亚地区

戴胜是有名的食虫鸟，大量捕食金针虫、蝼蛄、行军虫、步行虫和天牛幼虫等害虫

会说话的鸟——鹦鹉

鹦 鹉长着色彩绚丽的羽毛,在阳光的照耀下会发出美丽的光泽。它飞翔时,宛如一道缤纷的彩虹。鹦鹉是一种非常聪明的鸟,善于模仿人类的语言。很早以前人们就开始饲养鹦鹉,它为人们带来了很多快乐。

由来已久

早在罗马帝国时代,鹦鹉就已经成为权贵的象征,甚至可以用来交换奴隶。15世纪初,欧洲的王公贵族也开始流行饲养鹦鹉。

▸ 漂亮的鹦鹉

家族档案

鹦鹉分布于美洲、澳大利亚和我国南部等地的热带丛林中。鹦鹉家族成员众多,其中非常出名的有虎皮鹦鹉、灰鹦鹉等。

▸它们的羽毛大多色彩绚丽,鸣叫响亮。那独具特色的钩喙使人们很容易识别它们

"鹦鹉学舌"

鸟类学家一直将鹦鹉鸣叫和模仿人发声的能力归因于它的鸣管。一些研究人员近来发现，它的舌头在发音过程中也起作用。所以，"鹦鹉学舌"真的没有说错，因为鹦鹉也能够像人类一样运用舌头来"塑造"声音。

◀鹦鹉因会模仿人类说话而深得人们喜爱。事实上，它的"口技"在鸟类中的确是十分超群的，但这只是一种条件反射、机械模仿而已

非洲灰鹦鹉

非洲灰鹦鹉属较大型的鹦鹉。全身羽毛呈灰色，尾巴为鲜红色，神情朴实憨厚。非洲灰鹦鹉具有高超的语言能力，是所有鹦鹉中最聪明，也最会学人说话的一种鸟类。

▶非洲灰鹦鹉

谁更美丽

大多数脊椎动物雄性比雌性美丽，但鹦鹉正相反——雌性鹦鹉的羽色比雄性鹦鹉的丰富、鲜艳。雌性鹦鹉的羽色通常是明亮的红色，而雄性的则是绿色。

知识小笔记

类　属：鸟纲、鹦形目、鹦鹉科
身　长：60～100厘米
体　重：400～600克
食　物：树叶、蝗虫
分布地区：美洲、澳大利亚及我国南部地区

▶鹦鹉种类繁多，形态各异，羽色艳丽

海陆空三栖鸟类——海鹦

海鹦又叫作角嘴海雀、海鹦鹉，是一种很有特色的鸟类。海鹦的羽毛为黑色和白色，腿呈现出浅浅的橘色，雄海鹦的喙会随着季节的不同改变颜色。海鹦喜欢热闹，总是成千上万地聚集在一起。

特殊的"化妆品"

海鹦的尾部有一个分泌油脂的腺体，它会把这些油脂涂满羽毛。这层油脂一方面可以减少海鹦在飞行时散失的热量，另一方面可以使海鹦在水中穿梭自如。

▶海鹦的大嘴巴呈三角形，带有一条深沟。背部的羽毛呈黑色，腹部呈白色，脚呈橘红色，面部颜色鲜艳，看起来非常美丽可爱

梨形的蛋

海鹦将蛋产在陡峭的石壁凹陷处，虽然没有巢穴的保护，但是这些蛋并不会被海风吹走。原来，海鹦的蛋是梨形的，就像一只不倒翁，这是它为了适应环境而演变出来的本领。

▶海鹦

🦊 海鹦的喙

海鹦以鱼类为食，喙是它捕鱼的工具，海鹦的口中能排列 60 多条小海鱼呢！同时，海鹦的喙还是它吸引雌性的标志。每年的繁殖季节，雄海鹦的喙就由原来的灰白色变成绚烂的彩色，以此来取悦雌海鹦。

● 海鹦的喙

🦊 留住美丽

海鹦的天敌是海鸥（吃海鹦蛋）、鲨鱼、虎鲸等，人类有时也捕猎海鹦，因为它有一身漂亮的羽毛。海鹦曾经濒临灭绝，由于各国政府的保护，我们才能看见它又翱翔在蓝天上。

▶ 天空中飞翔的海鹦

🦊 海鹦的绝活

海鹦在飞行时翅膀每分钟可扇动 300 ~ 400 次，飞行速度可达每小时 40 千米。海鹦的翅膀在水中简直就像个发动机，游起来比一般的鱼还快，海鹦还可以潜入水下 24 米深去捕鱼。

▶ 海鹦是远洋海鸟，会潜入水中觅食，以各种海洋生物为食。能连续捕捉多达 10 条小鱼，横叼在嘴里携带回巢

知识小笔记

类　　属：	鸟纲、鸽形目、海雀科
身　　长：	约 30 厘米
体　　重：	400 ~ 800 克
食　　物：	小鱼
分布地区：	挪威北部的沿海地区等

极地精灵——雪雁

雪雁是为数很少的食草鸟类。它全身的羽毛雪白，喙和足是朱红色的，与它生存的环境结合在一起，显得那么自然、协调。它双翅宽大，脚上有蹼，是游水和飞行的高手。

🦛 认真负责的雪雁妈妈

　　每年6月下旬，小雪雁纷纷破壳而出。由于小雪雁此时还不能飞行，雌雪雁便带领子女们迁移到河流、小溪边，寻找一个隐蔽的场所来躲避天敌的捕杀。此后，小雪雁在母亲的照顾下逐渐羽翼丰满。8月份它们就开始学习飞行、觅食的技巧，9月份，它们就可以独立飞行了。

知识小笔记

类　属： 鸟纲、雁形目、鸭科
身　长： 约80厘米
体　重： 约600克
食　物： 草、树叶
分布地区： 夏季在北美洲的北极地区，9月迁至墨西哥附近过冬

雪雁的征程

春天到来了，雪雁从越冬地向北极进发，而且在旅途中已寻好了配偶。6 月初，到达北极后，雪雁就马不停蹄地开始筑巢、产卵。9 月初，所有的雪雁又要起身到南方越冬了。

→雪雁

雪雁的喙

雪雁主要以植物为食，是天生的素食者。雪雁的喙宽短有力，边缘还有齿状的刻纹。这样的喙既可以方便地咬断青草，又可以过滤水中的小虫。

如此精确

雪雁迁徙的路途如同飞机航线一样精确。年复一年，它们都沿同一条路线飞行，从不改变。

← 飞行的雪雁群

换羽危机

对于鸟类来说，换羽是生命中一次重要的过程。大多数鸟类的换羽是逐渐更替的，使换羽过程不致影响飞行能力。但雪雁的换羽为一次性全部脱落，在这个时期内完全丧失了飞翔能力，所以雪雁必须隐蔽于湖泊草丛之中，以防被敌人发现。

▼ 湖面上的雪雁

长距离飞行冠军——燕鸥

燕鸥是一种体态优美的鸟类，其长喙和双脚都是鲜红的颜色，就像是用红玉雕刻出来的。燕鸥是生命力非常顽强的鸟类，每年都要在南极和北极之间飞行数万千米。为了防范外敌入侵，它们经常成千上万只聚集在一起。

顽强的生命力

1970 年，有人捉到了一只腿上套环的燕鸥，结果发现，那个环是 1936 年套上去的。屈指算来，这只北极燕鸥至少已经活了 34 年，按飞行里程它在一生当中至少已经飞行了 150 多万千米。

← 飞翔的燕鸥

巧妙的伪装

燕鸥常在沙地里筑巢，它的蛋上有和周围沙粒非常相似的斑纹，可以很容易地隐藏在沙地上。

← 燕鸥巢置于沼泽地的沙土窝中。每次产卵 2～3 枚，淡灰或淡黄色

知识小笔记

类　属：鸟纲、鸥形目、鸥科
身　长：20～55 厘米
体　重：130～170 克
食　物：小鱼、螃蟹
分布地区：广泛分布于世界各地

不畏艰险追求光明

燕鸥每年在北极和南极之间往返一次，行程数万千米。它们总是在两极的夏天中度日，而两极的夏天，太阳总是不落的，所以，它们是地球上唯一一种长期生活在光明中的生物。

▶燕鸥是动物中的"远飞冠军"

▲燕鸥主要以鱼类为食，春秋季节嗜吃蝗虫、草地螟等，为草原和农业地区的益鸟

跳水皇后

燕鸥和普通的鸥类相比，体型稍小，喙尖，尾翼呈叉形，翅膀也更尖细。燕鸥常常身姿优雅地在海面上空盘旋，发现鱼后骤然俯冲入水中捕食。

团结就是力量

北极燕鸥争强好斗，勇猛无比。它们虽然内部经常争吵不休，甚至大打出手，但一遇外敌入侵，立刻尽释前嫌，一致对外。为了集体防御，它们经常成千上万只聚集在一起。别说其他小动物，就连最为强大的北极熊也让它们三分。

▶北极燕鸥

南极的主人——企鹅

企鹅背部的羽毛是黑色的,腹部则呈白色,这使它看上去很像一个身穿燕尾服的绅士。企鹅是不会飞行的鸟,但它已完全适应了水中的生活。它们喜欢群居,非常团结。

忠贞的夫妻

在岸边生活的阿德利企鹅的数量多达 100 多万对,它们一旦结为夫妻,便不离不弃。第二年,它们会在前一年相会的地方寻找对方。

生存意志

南极洲冬季最低气温达零下 88.3℃,在这样恶劣的环境中,为了维持体温,小企鹅会躲在妈妈的怀中。等到它长大了,就能像妈妈一样,忍受零下近百度的酷寒。

↑ 可爱的企鹅

↓ 企鹅是海洋鸟类,尽管它们有时也在陆地、冰原和海冰上栖息。在企鹅的一生中,生活在海里和陆上的时间约各占一半

知识小笔记

类　属:鸟纲、企鹅目、企鹅科
身　长:约1米
体　重:约30千克
食　物:鱼、虾
分布地区:南极大陆、南非、南美洲西部都有分布

谦谦君子

　　帝企鹅是企鹅家族中体型最大的一种，身高大约 1.2 米，相当于一个八九岁儿童的身高。帝企鹅很有"绅士风度"，它们常常轮流做企鹅群的领袖，以防止贼鸥偷袭幼企鹅及企鹅蛋为职责。

▶帝企鹅

▲企鹅

南极最早的定居者

　　动物学家考证企鹅的"家史"，证明企鹅原来是最古老的一种游禽。企鹅很可能在南极洲穿上冰甲之前，就已经来这儿定居了。

伟大的父亲

　　雌企鹅将卵产下后，就去海中觅食，雄企鹅独自承担孵卵的任务。在 2 个月的孵化期内，企鹅爸爸不吃也不动，如果移动卵就会掉落，严寒会马上冻死蛋中的胚胎。如果雌企鹅没有及时回来给幼鸟喂食，雄企鹅会吐出自己胃中的液体，代替食物给幼鸟吃。

滑翔冠军——信天翁

信天翁是南极地区最大的飞鸟。它身披着洁白的羽毛，尾端和翼尖带有黑色的斑纹，躯体呈流线型，非常适合飞行。信天翁擅长长距离飞行，能凭借气流作用十分自在地滑翔。

"风之子"

信天翁可以称作"风之子"，它不喜欢阳光明媚、风和日丽，只有风才是它们的最爱，因为信天翁全靠风的力量飞行，没有风它们甚至不能起飞。

天空中飞翔的信天翁

保卫家园

信天翁看上去很温顺，但当它们的家园受到威胁时，它们会表现出英勇抗敌、宁死不屈的精神。曾经有海盗开枪射杀信天翁，一批信天翁中弹而亡，但更多的信天翁又冲了上来，连附近岛屿上的信天翁都赶来增援，最后，海盗们不得不弃岛而逃。

信天翁

★信天翁也像其他海鸟一样，能喝海水

知识小笔记

类　　属：鸟纲、鹱形目、信天翁科
身　　长：1.3 ~ 3.5 米
食　　物：虾、小鱼
分布地区：环绕南极洲的海洋和岛屿、南半球大陆海岸

防身绝技

信天翁虽然在陆地上活动不便，但它有防身的绝技。当天敌迫近时，它能分泌出有强烈麝香气味的胃油，在天敌被胃油的气味熏退时，它趁机逃之夭夭。

偏爱"独生子女"

雌信天翁一年只产 1 枚蛋，由雌、雄鸟共同孵蛋。可能是因为信天翁每年只繁殖 1 个后代，所以"父母"对"子女"极其宠爱。

▲信天翁漂浮在水面上

▲飞翔的信天翁

擅长飞翔和滑翔

信天翁号称"飞翔冠军"，它习惯于长距离飞行，可以连飞数日，毫不倦怠。信天翁还是空中滑翔的能手，它可以连续几小时不扇动翅膀，仅凭气流的作用十分自在地滑翔。

雀中猛禽——伯劳

伯 劳的个体很小，却生性凶猛，能捕食小鸟以及一些小型哺乳动物。它常常立在枝头张望四周，一旦发现猎物，便疾飞直下捕捉。伯劳的喙尖具有利钩，捕到猎物后可以立即将它撕裂。

多彩的家族

世界上共有 23 种伯劳，广泛分布在非洲、欧洲、亚洲及美洲。根据它们的羽色，可以分为棕背伯劳、红脊伯劳、黑尾伯劳、白尾伯劳等。

▶伯劳

轮流看护宝宝

雌伯劳产卵前会和雄伯劳一起用蒿草搭成它们的家。从产卵到小伯劳出生这段时间，捕食的工作完全由雄鸟来完成。小伯劳出生后，雌鸟会出去捕食，由雄鸟继续看护宝宝。这样一段时间后，雌、雄鸟再轮流进行捕食、看护工作。

▶雌鸟在孵卵时，雄鸟担任警戒并常衔虫饲喂雌鸟。孵出后由两性共同育雏，平均每小时喂雏 17～24 次

吃得好精细

伯劳有个奇特的习惯，在猎获小动物之后，它会将猎物插在树枝的尖刺上，撕取其最柔软可口的部分，其余的就扔下不管了。所以在伯劳出没的地方，常会看到许多昆虫、蜥蜴和青蛙的干尸。

◀伯劳以昆虫为主食

凶残的小个子

从体型上看起来，伯劳应该算是较小的鸟类。但从性情上讲，它又属于较为凶猛的种类。它吃各种昆虫、小鸟以及松鼠等一些小型动物。

出色的口技

伯劳会模仿很多声音，如其他小鸟的叫声、汽车喇叭声等。伯劳是个诡计多端的家伙，它常常依靠模仿其他鸟类的叫声，引诱猎物上钩，将其捕获。

➤漂亮的伯劳鸟

知识小笔记

类　属：鸟纲、雀形目、伯劳科
身　长：16 ~ 22 厘米
食　物：昆虫、小鸟
分布地区：非洲南部、亚洲中部、欧洲及北美洲

海上大盗——军舰鸟

军舰鸟是一种生活于热带地区的海鸟。雄军舰鸟最突出的特征就是它气球一样的喉囊。军舰鸟擅长飞行，时而在轻风中翱翔，时而疾速俯冲，时而又轻盈地盘旋上升。它还会利用海面上挥发的热气流，在空中展翅滑行数小时。

炫耀美丽

每到繁殖季节，雄军舰鸟的喉囊会变成鲜艳的红色，并且膨胀起来，犹如一只喜庆的"红气球"。它在雌鸟头上飞来飞去，吸引雌鸟的注意。雌鸟会被雄鸟的热情折服，双双飞上枝头，开始新的生活。当雌鸟产下一枚蛋后，雄鸟的喉囊才慢慢瘪下去，颜色也变回暗红色。

→军舰鸟

知识小笔记

类　　属：鸟纲、鹈形目、军舰鸟科
身　　长：约 95 厘米
体　　重：约 2 千克
食　　物：鱼、海龟
分布地区：全球的热带、亚热带海洋均有分布

飞翔的军舰鸟

海上强盗

军舰鸟有"海上强盗"的恶名。当其他海鸟为幼鸟捕食归来时，军舰鸟就从它们那里抢走食物。它甚至会精确地把握时机，在别的鸟类喂食物给幼鸟的一刹那，俯冲下去抢走食物。

欺负"老实人"

军舰鸟经常利用自身的"威慑力量"来恐吓其他海鸟。最受军舰鸟欺负的要算鲣鸟了，军舰鸟常常用大嘴叼住鲣鸟的尾部，鲣鸟疼痛难忍，不得不张嘴吐出口中的鱼。这时，军舰鸟才会松开嘴，然后去"截击"鲣鸟吐出的食物。

军舰鸟长长的钩状嘴，可以用来攻击其他海鸟，并抢夺其鱼

爱干净的鸟

军舰鸟很讲卫生，每次吃完东西后，都会降落在海面上清洗一下自己的身体。

有利的武器

军舰鸟的喙长而带钩，这是它最有效的捕食工具。它不但会掳夺其他海鸟的战利品，还会夹住跃出水面的鱼类。

鸟中之王——孔雀

孔雀是一种华丽吉祥的鸟，被人们赋予富贵和幸福的含义。孔雀生活在热带的落叶林中，主要以植物的种子、浆果和茎叶为食，偶尔也吃昆虫和鼠类等小动物。雌、雄孔雀之间最大的差别是，雄孔雀长有多彩的尾屏，而雌孔雀没有。

吉祥的象征

孔雀是美丽、善良、吉祥的象征，我国云南的傣族人非常崇拜和喜爱这种动物。它举止高雅，姿态优美，人们模仿其动作编成"孔雀舞"。

→美丽的孔雀

孔雀开屏

在求偶的时候，雄孔雀为了吸引雌孔雀，会将尾屏展开成一个对称的扇形，并震动翅膀，在雌孔雀面前表演。如果得到雌孔雀的喜爱，它们便会一起飞走，开始一段新的生活。

→孔雀开屏

美丽的绿孔雀

雄性绿孔雀全身呈翠绿色，并有紫铜色反光。头顶有一簇直立的冠羽，尾上复羽发达，长约 1 米，每支复羽端部都有一个蓝色和翠绿色相嵌的眼状斑。当它展翅开屏时，极为华丽。

家庭新成员

雌孔雀每次可以产 8 ~ 20 枚卵，经过 27 ~ 30 天的孵化，小孔雀便出壳了。刚出生的小孔雀，羽毛还没有父母的那么漂亮；头呈绿色的就是雄孔雀，头呈灰白色的就是雌孔雀。

孔雀漂亮的羽毛

孔雀的品种

世界上有绿孔雀、蓝孔雀和刚果孔雀等。蓝孔雀被人类饲养的时间最长，所以我们在动物园见到的大都是蓝孔雀。刚果孔雀极为罕见，生活在非洲较偏僻的密林中。

知 识 小 笔 记

类　　属：鸟纲、鸡形目、雉科
身　　长：1.1 ~ 1.4 米
体　　重：3 ~ 8 千克
食　　物：树叶、果实、昆虫
分布地区：亚洲南部的热带森林以及非洲较偏僻的密林

"百鸟之王"孔雀

美丽纯洁的化身——天鹅

古往今来，天鹅一直是纯真与善良的化身。天鹅栖息于多苇草的大型湖泊、池塘和沼泽地带。它体态优雅，全身羽毛纯白，颈部修长而弯曲，无论是在水里游泳，还是在天空飞翔，都是最美的风景。

爽身油脂

天鹅的皮肤能分泌油脂，以使它的羽毛在水面上保持干爽，所以天鹅在水里可以舒服自在地游泳。

周到的双亲

在夏季，天鹅会脱掉一部分羽毛"换上"轻巧的夏装。这期间天鹅是不能飞的。天鹅夫妇不会同时换羽，这保证了它们的孩子能得到不间断的照料。

➤ 成群地生活在一起的天鹅

忠贞的"爱情"

一对天鹅夫妇一生厮守，不会中途变换配偶。当其中一只天鹅不幸死去时，剩下的一只会伤心欲绝地徘徊在死去的伴侣周围，哀号不已，久久不舍离开。从此，它终身单独生活。

→漂亮的天鹅

振翅高飞

天鹅是世界上飞得最高的鸟类之一，在迁徙途中需要飞越世界屋脊——珠穆朗玛峰，因此它的飞行高度在 9 000 米以上。它在天空中时而翱翔盘旋，时而如离弦之箭，俯冲到水面。有时候，一群天鹅聚集在一起引吭高歌，声音宏亮，在湖面上久久回荡。

胃口真好

天鹅以水生植物为食，也吃一些昆虫和软体动物。因为天鹅的颈很长，喙很坚硬，所以能将水草连根拔起并咽下。一只成年天鹅一天要吃下 9 千克的食物。

知 识 小 笔 记

类　属：鸟纲、雁形目、鸭科
身　长：约 1.5 米
体　重：约 10 千克
食　物：水草、昆虫、蜗牛
分布地区：欧亚大陆的寒带地区

美国的国鸟——白头海雕

白头海雕是美国的国鸟，它的形象还出现在美国的国徽上。白头海雕生活在美洲的西北海岸线。它非常凶猛，经常在半空中向一些较小的鸟发起攻击，夺取它们的食物。

白头海雕的样子非常英武，锐利的目光让人望而生畏

高处瞭望

白头海雕常常把高高的悬崖顶和大树顶端作为寻找猎物的"瞭望塔"。瞭望塔使白头海雕的视野极为开阔，如同一个望远镜，很利于它捕获猎物。

"兄弟"相残

雌性白头海雕一次通常会产下2枚卵，并孵化约35天。有时2只小雕都能够存活，但大多数情况下，体型较大的幼鸟会将较弱的幼鸟杀掉。

知识小笔记

类　属：鸟纲、隼形目、鹰科
身　长：71～96厘米
体　重：3～6千克
食　物：昆虫、鸟、蛇、鱼
分布地区：北美洲西北海岸及内陆湖泊

白头海雕

候选波折

本杰明·富兰克林等人曾希望将火鸡的形象印在美国的国徽上，原因是他们认为白头海雕抢食其他鸟类的食物，对人类没有一点儿益处。但最终白头海雕还是当选为美国国鸟。

⬆ 天空中飞翔的白头海雕

双双起舞

每年春天，成双成对的白头海雕在空中跳着"8"字舞，有时它们互相抓住彼此的脚，或者在空中像车轮一样滚落下来，这并不是在打架，而是在向对方表示好感。

⬆ 白头海雕

间接危害

有一段时间美国的白头海雕数量急剧下降，后来发现导致白头海雕数量下降的罪魁祸首是杀虫剂。经过美国政府几年的努力，白头海雕的数量逐渐恢复，并且重现往日繁荣的景象。

▶准备繁殖配对的白头海雕会紧守着自己的地盘，很少和其他白头海雕接触

布谷鸟——杜鹃

杜鹃又叫作布谷鸟，大多生活在山区或荆棘丛生的矮树林里。它羽色灰黑，宽阔的尾羽上有白色斑点，显得玲珑而乖巧。杜鹃称得上是"除虫专家"，在消灭田间虫害方面，很少有鸟类能比得上它。

◀ 杜鹃

春天的使者

每年春天，杜鹃就会飞来飞去地大叫"布谷布谷"，仿佛是在提醒农夫及时播种一样，因此农夫亲切地称它为"布谷鸟"。

不负责任的"妈妈"

杜鹃懒于造巢，更懒得哺育自己的孩子。在其他鸟类筑巢产卵时，雌杜鹃就会寻找一个合适的机会偷偷潜入那些鸟的巢中，把自己的卵产在里面，让别的鸟类将自己的孩子孵化出来。

▶ 杜鹃最为人熟知的特性是孵卵寄生性

知识小笔记

类　属：鸟纲、鹃形目、杜鹃科
身　长：约 16 厘米
食　物：昆虫
分布地区：全球的温带和热带地区

争宠的小坏蛋

刚孵出来的杜鹃幼鸟就遗传了父母的"恶习"——尽管它们眼睛都睁不开，却已经会用背部将巢中其他的蛋推出去。这种行为看上去很卑劣，却非常奏效，它能保证小杜鹃获得雌鸟全部的照料。

◀ 杜鹃

产卵匆匆

因为怕在别的鸟巢中产卵时被发现，所以杜鹃产卵的速度很快，只需几秒钟，而别的鸟大都需要1~3分钟。

▶普通杜鹃身长约16厘米，羽毛大部分或部分呈明亮的鲜绿色

并非每次都能得逞

杜鹃"自私"的做法并不是每次都能得逞。那些长期和杜鹃住在同一地域的鸟类，多次"上当"以后，对杜鹃会有很强的警戒心，时刻警惕着杜鹃的到来。因此，有时杜鹃稍不小心，就无法在别的鸟巢中产卵，还会遭到鸟巢中"留守者"的攻击。

带翅膀的电报——鸽子

鸽子是我们身边很常见的一种鸟类，它在白天活动、觅食，晚间归巢栖息。鸽子反应很敏捷，经过训练的信鸽可以准确无误地帮助人们传达信息。在很长一段时间里，鸽子一直是人们的"通信兵"。

反应敏捷

鸽子反应敏捷，易受惊扰。在日常生活中，鸽子的警觉性很高，对周围的刺激十分敏感，闪光、怪音、移动的物体、异常的颜色等都会引起鸽群的骚动。

→漂亮的鸽子

和平使者

1950年11月，为纪念在华沙召开的世界和平大会，画家毕加索画了一只衔着橄榄枝的飞鸽。当时智利著名诗人聂鲁达把它称为"和平鸽"。从此，鸽子这个"和平使者"就被各国公认了。

←鸽子

知识小笔记

类　属：鸟纲、鸽形目、鸠鸽科
身　长：30～36厘米
食　物：树叶、果实、粮食、虫子
分布地区：除南极以外，世界各地都有分布

军鸽取药救战友

1979 年，我军一位侦察员突患急症，必须立即赶到后方取药。军鸽员将这个艰巨任务交给 4 只鸽子，军鸽只用了 30 分钟的时间，就取回了必需的药物，使病员得到及时抢救。

▶鸽类均体型丰满，喙小，性情温顺

▲鸽子翅膀展开很长，飞行起来非常迅速有力

"恋家"情怀

鸽子具有强烈的归巢性，任何生疏的地方，对鸽子来说都是不理想的地方，它绝不会安心逗留，时刻想返回自己的"故乡"。

"通信兵"

鸽子具有惊人的导航能力。1978 年，美国科学家发现在鸽子的头部有一块含有丰富磁性物质的组织，它不仅能靠太阳指路，还能根据地球磁场确定飞行方向。据记载，1935 年，有一只鸽子整整飞了 8 天，绕过半个地球，从越南西贡风尘仆仆地飞回了法国，全程达 11 265 千米。

★飞行的鸽子

鱼 类

　　地球表面 70%的地方都是水，所以鱼类有比其他动物大得多的生存空间。从浩瀚的大海到涓涓的溪流，只要有水的地方就有鱼类的存在。在所有动物当中，只有鱼类是用鳃来呼吸的，这是它们区别于其他动物的明显特征。

带探路仪的鱼类——鲶鱼

鲶 鱼品种繁多，遍布于世界各地的池塘或河川及海中。它们有扁平的头和阔大的口，以及数条像猫的胡须一样的长长触须，触须是鲶鱼觅食和探路的有利工具。鲶鱼喜欢潜游于水底，晚上比白天更为活跃。

可怕的杀手

日本中南部浅海区生活着一种鳗鲶，它们通常成群活动。鳗鲶的背鳍和胸鳍中都藏有毒刺，一旦水里游过来这样一群可怕的杀手，别的鱼可就遭殃了。

▶鲶鱼

光滑的身体

大多数鲶鱼都没有鱼鳞，表皮赤裸或者覆盖着骨质的盾片，体表还有一层滑溜溜的黏液。许多鲶鱼背上有脊骨和胸鳍，脊骨上可能有毒腺，被刺中时会感到疼痛。

◆鲶鱼体长，头部平扁，尾部侧扁

地震预报员

鲶鱼对声音非常敏感，在地震前会骚动不安，所以一些人根据鲶鱼的活动来预报地震。

→鲶鱼的长须

↑鲶鱼

慈爱的"父亲"

雄性海鲶鱼会把弹球般大小的卵，还有刚孵出来的小鱼含在口中。为了孵育下一代，它甚至连进食都舍弃了。这样小心翼翼地保护自己的孩子，它不愧为一位慈爱的"父亲"。

鲶鱼家族

鲶鱼的种类约有2 000种。有一种生活在多瑙河流域的大型鲶鱼非常凶猛，会袭击小型的水鸟或老鼠；生活于非洲刚果河流域的倒吊鲶会以肚皮朝上，甚至以倒翻180度的仰泳姿势游泳。

→生活在海里的鲶鱼

知识小笔记

类　　属：鱼纲、鲶目、鲶科
身　　长：40～80厘米
体　　重：2～4千克
食　　物：鱼、青蛙等
分布地区：世界各地

能离开水的鱼——弹涂鱼

弹涂鱼又叫作跳鱼，长得像小泥鳅。它栖息于海水中或河口附近，常出水跳跃在泥涂上觅食，因而得名"弹涂鱼"。由于长期在陆地上生活，弹涂鱼的腹鳍演化成了吸盘，可以让它牢固地待在一个地方。

奇特的弹涂鱼

弹涂鱼是一种非常奇特的鱼类，它可以同时适应水中和陆地上的生活。弹涂鱼没有肺，它在地上时用喉部内那些发达的毛细血管呼吸。

宽大的鳃

弹涂鱼的鳃很宽大，一旦蓄满水，它就可以毫无顾忌地在陆地上长时间地生活。

弹涂鱼

知 识 小 笔 记

类　属：鱼纲、鲈形目、弹涂鱼科
身　长：12～45厘米
食　物：虾、沙蚕
分布地区：亚洲及非洲

擅长跳跃和滑翔

　　尽管弹涂鱼的身长不过十余厘米，但它在陆地上捕食时，猛力一跃，可以跳出 30 厘米远。当弹涂鱼跃起来时，全身的鳍都会像翅膀一样张开。这样，它还可以再滑翔一段距离。所以说，弹涂鱼是鱼类中跳跃和滑翔的高手。

▶ 弹涂鱼擅长
跳跃和滑翔

背鳍的功能

　　弹涂鱼的背鳍有点儿像雄狮的鬃毛，既可以用来威胁敌人，表示愤怒，还可以在向雌鱼求爱时用以炫耀。

巧妙的保湿

　　弹涂鱼的大眼睛可以灵活转动，能同时观测到来自天空和水中的危险。但它的双眼必须始终保持湿润，最好的办法是常将眼球拉回眼窝里，因为它的眼窝中藏有水袋，经过"浸润"的眼球会变得更明亮。

▶ 在水里的弹涂鱼

天然的艺术品——金鱼

金鱼的故乡是浙江的杭州和嘉兴，我国早在宋朝时就开始人工饲养金鱼了。金鱼的色彩绚丽，身姿优美，可以说是一种天然的艺术品，深受人们喜爱。养殖金鱼可以美化环境，还可以陶冶人们的性情。

金鱼的起源

科学家已经证实，金鱼起源于我国普通食用的野生鲫鱼。它先是由银灰色的野生鲫鱼变为红黄色的金鲫鱼，然后再经过不同时期的变异，变成了不同品种的金鱼。

金鱼的食物

动物性饲料是金鱼最喜爱吃的食物，如鱼虫、草履虫、水蚯蚓等。食用动物性饲料的金鱼发育快、颜色鲜艳、发病率也较低。

金鱼易于饲养，形态优美的金鱼能美化环境，很受人们的喜爱，是我国特有的观赏鱼

知识小笔记

类　　属：鱼纲、鲤形目、鲤科
身　　长：5 ～ 20 厘米
食　　物：鱼虫、草履虫
分布地区：主要分布在中国、日本

色彩各异的金鱼

金鱼有红、橙、紫、蓝、墨、银白、五花等丰富的色彩。其中，金鲫全身为橙红色；墨龙睛通身乌黑，有"黑牡丹"之称；紫龙睛全身泛着紫铜色的光芒；五花珍珠的体表由红、白、黄、蓝、黑等不规则的斑纹所组成。

色彩漂亮的金鱼

品种繁多

经过几个世纪的选种和改良，如今已经产生了125个以上的金鱼品种。最常见的品种有三叶拂尾的纱翅、戴绒帽的狮子头以及眼睛突出且向上的望天。

金鱼的身姿奇异，色彩绚丽

雌雄金鱼各不同

雄性金鱼一般体型略长，雌性金鱼身体较短且圆；它们在体色上略有差异，雄鱼一般颜色鲜艳，而雌鱼颜色略淡一些，在繁殖发育期，雄鱼体色更为鲜艳。此外，雌鱼最显著的特征就是在怀卵期腹部膨大。

漂亮的金鱼

最凶残的鱼——食人鱼

食人鱼是亚马孙河流域最有代表性的鱼类，以其凶悍、残忍而闻名。食人鱼有着锐利的牙齿和强壮的下腭，喜欢群体攻击大型的动物，几分钟就能将动物的肉吞噬殆尽，只留一具白骨。

🐘 如此凶残

美国的探险家曾做过这样的实验：把一头山羊用绳子绑住推入水中。不到几秒钟，湖水便猛烈地翻腾起来。5 分钟后，探险家把绳子拉出来，只剩下了一具山羊的骨骼，骨骼上的肉已被啃得干干净净了。

➤ 栖息于主流和较大的支流，河面宽广处

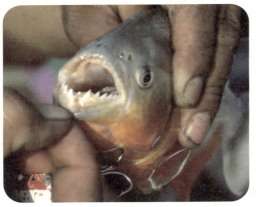

➤ 食人鱼

🐘 凶残的背后

食人鱼只有成群结队时才凶狠无比。如果对养在鱼缸里的一条食人鱼做出吓唬它的手势，它会吓得躲进角落里。

🐘 鳄鱼的对手

食人鱼上下腭的咬合力大得惊人，可以咬穿牛皮甚至木板。平时在水中称王称霸的鳄鱼，一旦遇到了食人鱼，会立即翻转身体下巴朝天，把坚硬的背部朝下，让食人鱼无法咬到它的腹部，借此逃脱。

➤ 食人鱼常成群结队出没，每群会有一个领袖，其他的会跟随领袖行动，共同寻找猎物

围剿战术

食人鱼猎食时，先咬住猎物的致命部位，使其失去逃生的能力，然后成群结队地轮番发起攻击，一个接一个地冲上前去猛咬一口，迅速将目标化整为零，其速度之快令人瞠目结舌。

▶食人鱼张开大嘴，露出尖利的牙齿，非常可怕

并非天下无敌

虽然食人鱼如此凶残，但是其他鱼类也有自己的"尖端武器"。一条电鳗放出的高压电就能把30多条食人鱼送上"电椅"处以死刑；刺鲶则善于利用它的锐利棘刺，一旦食人鱼要对它下口，刺鲶马上脊刺怒张，使食人鱼无可奈何。

知识小笔记

类　属：鱼纲、鲤形目、食人鱼科
身　长：10～30厘米
食　物：鱼、水鸟及小型兽类
分布地区：安第斯山脉以东、南美洲的中南部

▲食人鱼主要栖息在较大的河流水流湍急处

爬行动物

　　世界上已知的爬行动物有 6 500 多种。所有爬行动物的皮肤都有厚厚的骨质鳞甲，有利于防止体内水分的蒸发。爬行动物没有调节体温的能力，气温较高时它们会躲在阴凉的地方，气温较低时它们会进入冬眠状态。

会跳舞的蛇——眼镜蛇

眼 镜蛇是一种让人"听而生畏"的毒蛇。一提起它，人们就会想到那高昂的脑袋、尖利的毒牙，还有"咝咝"作响的火焰般的芯子。眼镜蛇的毒液可以喷射 4 米之远，这种毒液可以使对手麻痹致死。

祖传的窝

小眼镜蛇出生几周后，就离开自己的母亲独立生活了。当它要冬眠时，会根据气味找到母亲生活过的窝，在这个窝过冬。有时一个窝的使用期限会超过 100 年。

长了"后眼"

印度眼镜蛇的脖颈背面有眼睛形状的斑纹，可以吓唬来自后方的敌人。这种眼镜蛇生性凶猛，被激怒时，它会昂起身体，并膨大颈部，此时背部的眼镜圈纹更加明显，令敌人闻风丧胆。

▶身体竖起时，颈部两侧膨胀

🐾 饿了才吃

眼镜蛇只有在饥饿时才会捕食，捕食的时间取决于它上一次吃饭的多少。一般 2 周左右捕食一次，年轻的眼镜蛇捕食频率要高一些，一般 1 周一次。

🐾 眼镜王蛇

眼镜王蛇虽然身体十分纤细，却是世界上最危险的毒蛇。当遇到危险时，眼镜王蛇颈部两侧会膨胀起来，并发出呼呼的响声。它是唯一筑巢而居的毒蛇，常主动攻击目标，有时甚至袭击人类。

▲ 眼镜蛇

🐾 诡计多端

眼镜蛇在捕猎时诡计多端。它常躲在草丛里，只露出尾巴轻轻摇晃，让老鼠或小鸟以为是蚯蚓而靠近过来。这时，眼镜蛇便扑过来吞掉它们。

▲ 在草丛里的眼镜蛇

知 识 小 笔 记

类　属:爬行纲、蛇目、眼镜蛇科
身　长:1.2 ～ 4 米
体　重:2 ～ 8 千克
食　物:蛙、壁虎、鸟类、小型兽类
分布地区:亚洲南部、非洲、大洋洲北部等热带地区

伪装高手——变色龙

变色龙长相非常有趣——扁平的身体上覆盖着一层装饰鳞片，尾巴能像发条般卷曲或缠绕于树上。最引人注目的就是它的变色特性，它能模仿周围的环境不断变换自己的体色，以此巧妙地伪装自己。

迅速自立

变色龙大多数为卵胎生，幼崽出生后不久就能行走，一天后就能独自活动、捕食，很少让妈妈操心。

能"分工协作"的双眼

变色龙的双眼都被鳞片覆盖，只留下一个小孔。但它的眼球能随意转动，可以一只朝前一只朝后，这对它的捕猎大有益处。

变色龙的身体两侧扁平，眼凸出，两眼可独立转动，而且左右眼可以各自单独活动

知 识 小 笔 记

类　属：爬行纲、蜥蜴目、避役科
身　长：30 ～ 40 厘米
食　物：螳螂、蜈蚣等昆虫
分布地区：印度半岛、阿拉伯半岛及非洲的热带丛林中

▸ 变色龙

以不变应万变

变色龙的动作非常缓慢,在大多数情况下,它会静止在树上,一动不动。但只要是发现了可口的猎物,它就会迅速地将舌头弹出去,昆虫往往还来不及作任何反应,就已被它的长舌粘到嘴里去了。

▸ 变色龙用长舌捕食是闪电式的,速度非常快

伪装不行就恐吓

当天敌靠近,伪装不再起作用的时候,变色龙还有一"招",就是让身体膨胀变黑,显示出一种咄咄逼人的气势。事实上,这也只是"唬人"的伎俩,因为它并不属于攻击型动物。

为什么会变色

变色龙身体颜色的变化受神经系统的支配,神经系统中的色素细胞在体内浓缩或稀释,从而增加或减弱色彩。它的体色可随光线、温度、湿度及心情的变化而改变,尤其是温度和湿度对它的变色起着至关重要的作用。

▸变色龙善于随环境的变化,随时改变自己身体的颜色

和恐龙最像的动物——蜥蜴

蜥族是爬虫类中最大的群体，约占全世界所有爬虫的一半以上，它们大多是肉食动物，只有极少的一部分为草食动物。蜥蜴是现存动物中与恐龙最相像的，它们奇特的外形非常吸引人。

美洲绿鬣蜥

美洲绿鬣蜥可能是世界上最广为人知的蜥蜴。幼年的鬣蜥体色是亮绿色，上面夹杂蓝色的花纹，等成熟后，体色会变暗淡。

家族成员

蜥蜴有 700 余种，它们的大小差异很大。其中，绿鬣蜥约有 70 厘米长，德州角蜥只有 10 厘米左右长。加拉帕戈斯鬣蜥是极少数的食草蜥蜴。

▲ 在树上的蜥蜴

知·识·小·笔·记

类　属： 爬行纲、蜥蜴目、鬣蜥科
身　长： 3 ~ 70 厘米
食　物： 昆虫、蜘蛛
分布地区： 非洲、阿拉伯、中国南部、马来西亚、印度东部、澳大利亚等地

体操王子

绿鬣蜥受到惊吓时，会从数米高的地方向下跳。它的落地姿势完美又安全，绝不会受伤。如果动物世界里有体操比赛，那它一定会被誉为"体操王子"，不过这个"王子"的相貌丑了点儿。

◀ 蜥蜴的爪子可以牢牢地抓在树枝上

持续的较量

雄性绿鬣蜥打斗时，会用头撞击对方，直到一方投降为止。这种打斗有时会持续5小时以上，如果还是分不出胜负，它就会采用抓咬的方式，直到胜利的一方踩在败者的背上。

▲ 蜥蜴

跑得也不慢

有种鬣蜥可以将身体直立45度，而只用后脚走路；遇到危险时，还能用这种姿势以每小时15千米的速度奔跑。由于体重轻，动作敏捷，它甚至能在水面上短距离行走，远离河岸后才开始游泳。

▲ 蜥蜴动作敏捷

"飞檐走壁"的能手——壁虎

夏天的夜晚，壁虎常常静静地伏在墙上，蚊子一落在它的附近，它就迅速地扑过去将其捕获。壁虎足垫和趾的结构非常特殊，能轻而易举地抓住物体上任何细小的突起，所以可以在光滑的墙面上行动自如。

脚的魔力

壁虎的每只"脚"底部长着大约50万根极细的刚毛，而每根刚毛末端又有400～1 000根更细的分支。据计算，一只大壁虎的4只"脚"产生的总压强相当于10个大气压。

▲壁虎

独特的瞳孔

壁虎的瞳孔是纵长的。在明亮的地方，会收缩成一条细线；在黑暗的地方则张开成一条宽缝。这样的生理特性很适合壁虎昼伏夜出的生活习惯。

▲足趾长而平，趾上肉垫覆有小盘，盘上依序长有微小的毛状突起，末端呈叉状

眼部的保健

壁虎的眼部结构比较特殊，它的上、下眼皮不能张合闭启，所以需要用舌头来舔舐眼球以保持清洁。幸亏它的舌头长，能够到眼睛。

● 壁虎的眼部

可以再生的尾巴

壁虎的尾巴很容易断开，在遇到危险时，它会忍痛自断尾巴，以保全性命。但是不用担心，很快它又会生出一条新的尾巴来。

壁虎的断尾，是一种"自卫"

捕虫能手

壁虎在夏、秋两季最为活跃，经常在夜间捕食蚊子、苍蝇、飞蛾等昆虫。壁虎一夜之间最多可以捕食上百只害虫，所以人们给了它一个"捕虫能手"的美称。

壁虎是捕虫能手

知 识 小 笔 记

类　　属：爬行纲、蜥蜴目、壁虎科
身　　长：约 15 厘米
食　　物：苍蝇、蝗虫、蜘蛛
分布地区：广泛分布于世界各地

古老的爬行动物——鳄鱼

鳄 鱼给人的印象是狰狞可怕的，它外形丑陋，性情粗暴。尽管鳄鱼身躯粗笨，行动却极为敏捷。鳄鱼的眼睛长在头的上部，所以它的视野极其开阔，可以清楚地看清水面及陆地上的东西。

石头的功用

鳄鱼经常会吞下石头，存入胃里，这些石头可以增大它身体所受的浮力，所以鳄鱼经常低浮在水面上。如果没有这些石头，它可能会翻个底朝天。

➡鳄鱼牙齿尖利，咀嚼能力很强，常吃鱼、蛙、虾等小动物，也吃蟹、龟、鳖等甲壳坚硬的动物

自相残杀

鳄鱼生性凶残，就连同类也不放过，它们经常互相吞食。鳄鱼群一般由个体大小相同的成员组成，小鳄鱼群会避开大鳄鱼们，以免被它们吃掉。

← 鳄鱼

知识小笔记

类 属	爬行纲、鳄目、鳄科
身 长	约6米
体 重	约1 000千克
食 物	蛙、鱼类、龟
分布地区	全球的热带、亚热带地区

鳄鱼的眼泪

鳄鱼的眼泪其实是它排泄出来的盐溶液。鳄鱼眼睛附近长着排泄盐溶液的腺体，可以排除体内多余的盐类。所以当它吞吃牺牲品时，曾被误认为在淌痛苦的眼泪。

▸鳄鱼

猎食绝技

鳄鱼捕食时，总是慢慢地爬近猎物或是趴下来等着伏击它们。发现猎物后，鳄鱼会猛地咬住，然后再将猎物拖入水中淹死。

◂ 鳄鱼的"育儿袋"在大大的口腔内

用心良苦

小鳄鱼刚出生时，行动很不灵活，鳄鱼妈妈会张开大嘴把小宝宝一只只地吞进嘴巴里。不用担心，它不是要吃掉自己的宝宝，而是将小鳄鱼放进口腔中的"育儿袋"保护起来。

◂ 在水里的鳄鱼

长寿的动物——乌龟

乌龟又被称为"金龟""草龟"等，是最常见的爬行动物之一。乌龟一般生活在河流、沼泽和山涧中，有时也上岸活动，它以螺类、虾和小鱼为食，也吃植物的茎叶。乌龟是一种变温动物，通常在 10 ~ 15℃时进入冬眠。

乌龟的冬眠

乌龟是一种变温动物，到了冬天，或者是当气温长期处在较低情况下，乌龟就会进入冬眠状态。冬眠时，乌龟会长期缩在壳中，几乎不活动。同时，它的呼吸次数减少，体温降低，血液循环和新陈代谢的速度也会减慢，这样它就可以消耗较少的营养物质，为身体储备能量。

知识小笔记

类　属：爬行纲、龟鳖目、龟科
身　长：10 ~ 100 厘米
食　物：虾、小鱼、蜗牛
分布地区：中国、日本等

→乌龟

乌龟属半水栖、半陆栖性爬行动物。主要栖息于江河、湖泊、水库、池塘及其他水域

不怕饥饿

乌龟有很强的耐饥饿的能力，即使断食数月也不易被饿死，抗病能力也很强，所以它是很长寿的动物。

可爱的"慢性子"

乌龟在地上爬行时慢吞吞的，非常可爱。一遇到危险，它就迅速将头和四肢缩进壳内，坚硬的甲壳就是盾牌。

最长寿的乌龟

一只名叫哈里特的大乌龟生于1830年，体重为150千克，是目前世界上已知的寿命最长的动物。

可爱的乌龟

两栖动物

    两栖动物是最原始的陆生脊椎动物，它们既能适应陆地生活，又能适应水中生活，如我们常见的青蛙等。两栖动物无法调节自己的体温，故在寒冷和酷热的季节里需要冬眠或者夏蛰。

难看的癞蛤蟆——蟾蜍

蟾蜍的外表疙疙瘩瘩、极其丑陋，所以俗名叫作"癞蛤蟆"。蟾蜍和青蛙一样，都是由小蝌蚪变化而成的，但是它的叫声不像青蛙那样清脆，也不善于跳跃和游泳。

小蝌蚪找妈妈

蟾蜍妈妈喜欢把卵产在水草上，10～12天之后，卵就会变成一群大脑袋、长尾巴的蝌蚪。小蝌蚪在水中游来游去，四处找妈妈。2个月后，蝌蚪就会变成小蟾蜍。

◀ 在吞咽食物时，蟾蜍的眼睛不停地眨动

蟾酥

蟾蜍可以分泌一种白色的液体叫"蟾酥"。它的毒性很强，中毒者会短时间瘫痪，严重的甚至会死亡。虽然蟾蜍的毒素很厉害，但人们在不断的实践中已掌握科学的使用方法，它现在已是常见药的原材料。

▶蟾蜍

→蟾蜍白昼多匿居于草石下或土洞内，黄昏时外出寻食，冬季成群穴居在沙土中

艰难地摄食

蟾蜍捕食时，假如舌头伸得太长，会无法缩回嘴里，这时它会用前脚帮忙将舌头推回嘴里。蟾蜍在吞咽食物时，会不停地眨眼，因为它要靠挤眼的力量把食物咽下去。

冬眠

蟾蜍是冷血动物，寒冷的冬天到来时，它需要在地下打洞冬眠。冬眠时间的长短是根据地面的温度来决定的。

欺软怕硬的家伙

蟾蜍可以游刃有余地对付一些小型昆虫。若是碰到赤练蛇，蟾蜍就将自己膨胀得很大，想以此吓退敌人。但赤练蛇根本不会理会这种小把戏，大嘴一合就把它咬扁了。

→栖息于潮湿草丛，夜间或雨后常见。捕食多种有害昆虫和其他小动物

知识小笔记

类　　属：两栖纲、无尾目、蟾蜍科
身　　长：4～12厘米
食　　物：各种害虫
分布地区：中国西南部和南部，以及南亚、东南亚

蛙中的恐怖分子——牛蛙

牛蛙是一种大型的蛙类。它叫声洪亮，从远处听就像是牛在叫，因此得名"牛蛙"。它背部为绿色或棕绿色，咽喉部有斑点，眼睛是金色或褐色的，雄牛蛙的鼓膜通常要比雌牛蛙的大。

暴力分子

牛蛙是青蛙家族中的暴力分子。虽然称之为"蛙"，但它不吃草，只吃肉，经常捕食比它小的青蛙，还敢挑战比它大的动物，如水蛇等。

▶ 牛蛙因为叫声像牛而得名

贪睡的家伙

生活在炎热地区的非洲牛蛙，可能会在降温后数月或数年躲在地底下睡大觉。等到一场春雨降临后，牛蛙才从睡梦中苏醒。

▶ 牛蛙的长相与一般蛙相似，但个头较大

高亢热情地鸣叫

雄牛蛙高亢地鸣叫主要是为了吸引雌牛蛙的注意。有些牛蛙似乎患有"口吃病","唱"起来总是"结结巴巴"的,但是研究发现,即便是"口吃"的牛蛙,鸣叫起来也有固定的规律。

→ 牛蛙

领地之争

雄牛蛙对闯入它领地的入侵者非常反感,它会在自己的领地内大声鸣叫,表示这是它的"地盘",还会用踢、推的办法将入侵者赶走。如果入侵者还是不走,一场恶战就在所难免。

积蓄能量

牛蛙的卵变成蝌蚪后,要生长 2 年,等积蓄了很多能量后,才能长成一只牛蛙。

> 牛蛙适应性强,食性广,天敌较少,寿命长,繁殖能力强,具有明显的竞争优势,易于入侵和扩散

知识小笔记

类　　属:两栖纲、无尾目、蛙科
身　　长:20 ~ 25 厘米
体　　重:0.5 千克
食　　物:鱼、小鸟
分布地区:北美洲、非洲、印度、
中国都有分布

有毒的动物——蝾螈

蝾螈无论是在陆地上还是在水中都可以安家立业。蝾螈身上的花纹色彩非常鲜艳，是它的保护色，有些蝾螈还会分泌毒液，可以麻醉或杀死敌人，这两样武器是蝾螈在自然界中生存的法宝。

异曲同工

在受到威胁时，蝾螈会弓起背部，腹部会明显变红，毒素就是从它的腹部排泄出来的。经研究表明，这种毒素与从河豚体内提取出来的"河豚毒素"很相似。

▶蝾螈

独特的呼吸

蝾螈小时候用腮呼吸，它长大后腮会脱落，改用肺和皮肤呼吸。大约有 270 个种类的蝾螈完全没有肺，只能通过皮肤和口腔黏膜进行呼吸。

知 识 小 笔 记

类　属：两栖纲、有尾目、蝾螈科
身　长：6 ～ 17 厘米
食　物：蝌蚪、昆虫
分布地区：非洲东南部、欧洲、北美洲东南部和西部

翩翩起舞

有一种巨冠螈在求偶时，会摇动着银色的尾巴，翩翩起舞，展示其背部的彩冠，来吸引异性的目光。

▲ 在繁殖季节，雄蝾螈经常围绕雌蝾螈游动，时而弯曲头部注视雌蝾螈，时而将尾部向前弯曲急速抖动

起死回生

墨西哥蝾螈是唯一一种能够四肢再生的动物。有时它们会因为互相撕咬而断了尾巴或者是腿，但是只需要2～7周的时间，就会长出和以前一模一样的尾巴或四肢。

▲ 躯体细长，尾呈侧扁状

悠游自在

蝾螈在水里显得十分快活，它喜欢在恒温的水中游来游去，偶尔也会离开溪流爬上陆地，但它不会离水源太远。

◀ 爬上陆地的蝾螈

雨林的华丽精灵——箭毒蛙

箭毒蛙是一种体色非常艳丽的蛙类，能从皮肤腺里分泌出剧毒。"依仗"自己的毒性，它在白天也敢出来活动。箭毒蛙的毒性非常大，一只箭毒蛙的毒液足以杀死 2 万只老鼠！

毒为人用

由于箭毒蛙极富毒性，南美的印第安人便将这种蛙类用火烤，以此收集从皮肤腺里流出来的毒液，做成毒箭用于打猎。

→箭毒蛙是全球最美丽的青蛙，同时也是毒性较强的物种之一

也有天敌

蛇是箭毒蛙的天敌，尤其是巨大的蟒蛇和有毒的眼镜蛇，它们是箭毒蛙必须防备的首要敌人。当然，人类的捕杀也对箭毒蛙的生存构成危胁。

→箭毒蛙都是日行性、地栖型动物，但是具有树栖的倾向，因为它们的蝌蚪多半是在植物叶片间或是树洞中的小水洼里长大成蛙的，所以树木对它们来说是觅食与躲避敌害的地方

知 识 小 笔 记

类　属：两栖纲、无尾目、箭毒蛙科
身　长：1～5厘米
食　物：蜘蛛
分布地区：中美洲、南美洲的热带雨林地区

▸箭毒蛙

为什么有毒

有人曾尝试养殖箭毒蛙，但是，人们发现人工饲养的箭毒蛙竟然无毒！后来发现原因是野生状况下的箭毒蛙以热带的蚂蚁和昆虫为食，正是这些食物能够使箭毒蛙产生毒素。

唱歌助产

雌性箭毒蛙要产卵时，雄性箭毒蛙会对着雌性"哼哼唧唧"地"唱歌"，好让雌蛙有心情产卵。

"美丽"的警告

大自然中有很多动物是靠隐蔽色逃避天敌的，箭毒蛙的生存对策恰恰相反。它鲜艳的颜色和花纹在森林中显得格外醒目，仿佛是在告诉敌人，它是不宜吃的。箭毒蛙家族就是凭借警戒色和毒腺的保护而存活至今。

▸箭毒蛙鲜艳的颜色

会爬树的青蛙——树蛙

树蛙是一种非常漂亮的蛙类，大多体型娇小，颜色鲜艳，看上去很讨人喜欢。树蛙的足趾短而粗，趾端长着很多尖细的毛，上面还附着一层类似粘胶的物质，所以它能稳稳地固定在大树的任何部分。

随景赋色

树蛙的体色会随环境的变化而改变，因此也被称为"变色树蛙"。变色可以使它同周围的环境融为一体，敌人很难发现它。

▶树蛙的四肢细长，趾末端有吸盘，非常适合爬树

丰富的语言

夏日里常常听到有节奏的树蛙鸣叫，它的叫声重复的次数通常是同类传达消息的信号，可以帮助它识别敌友。太平洋树蛙会用低沉的叫声威胁其他雄蛙，而当它想吸引雌蛙时，则发出快速的3声连叫。

◀树蛙

知 识 小 笔 记

类　属：两栖纲、无尾目、树蛙科
身　长：3～7厘米
食　物：蝗虫、蛾
分布地区：亚洲及非洲南部的
热带雨林

从天而降的飞蛙

树蛙中有一种飞蛙，它的脚趾比其他的蛙长，前脚有发达的蹼，跳跃时就像"伞兵"从空中落下一样。

→树蛙

黑蹼树蛙

黑蹼树蛙身体背面是绿色的，部分个体有深绿色斑纹或白色斑点，体侧有灰黑色细网纹，腹部呈黄色。它四肢修长，趾间的蹼发达，具有黑色斑点，就像是一双"黑布鞋"。

天时地利

红眼树蛙把它的卵产在水塘上面的树叶上，这样小蝌蚪孵出后，自然就掉进叶子下的水中了。

→红眼树蛙

昆　虫

　　昆虫是世界上数量最多的物种，几乎遍布地球上的每一个角落。昆虫的身体分为头、胸、腹 3 部分，头部有一对触角。和自然界的其他动物相比，昆虫很弱小，但它们也有保护自己的本领，所以才能生生不息。

相扑运动员——蟋蟀

蟋蟀的俗名叫"蛐蛐儿"，是我们身边很熟悉的小动物，常生活在野草地、农田、瓦砾堆、篱笆根或墙缝中。蟋蟀优美动听的歌声并不是出自它的好嗓子，而是它的翅膀，它是靠振动翅膀发出声音的。

特殊的"耳朵"

蟋蟀没有耳朵，但在它的前腿上长着耳状体。这个耳状体其实是像小鼓一样的皮肤膜，这层皮肤膜能感受到震动，可以当特殊的"耳朵"使用。

▲蟋蟀触角细，后足适于跳跃

保命要紧

当蟋蟀的腿部受了伤，让敌人捉住时，它就切断那只腿逃跑，这种行为称为"自绝"。虽然切断的腿不能再长出来，但是在危险面前，还是保命要紧。

知识小笔记

类　属	昆虫纲、直翅目、蟋蟀科
身　长	20 ～ 90 毫米
食　物	树叶、果实
分布地区	除极地外，世界各地都有分布

→蟋蟀

成长历程

雌蟋蟀身体末端有一个长而扁平的排卵器，它通常把卵产在土中或植物上，孵化后的幼虫叫作若虫或跳虫。跳虫很像小型的成虫，但是没有翅膀。它不断地进食后会蜕皮，经过 6 次蜕皮，就变成真正的蟋蟀了。

▲ 蟋蟀生性孤僻，一般都是独立生活，一旦碰到一起，就会咬斗起来

▲ 蟋蟀穴居，常栖息于地表、砖石上、土穴中、草丛间，夜出活动

预报天气

当你在夜间清晰地听到蟋蟀高唱时，便预示着明天是个好天气，你大可放心准备上路出远门。

蟋蟀

最大的蟋蟀

在新西兰有一种蟋蟀叫作维塔，是世界上最大的蟋蟀。它的身体比苍蝇大 100～150 倍，重达七八十克，是一般蝗虫的 50 倍。这种昆虫在近 2 亿年的时间里几乎没有一点进化，它的形体特点一直保持到现在，是新西兰最古老的生命体。

美丽的杀手——瓢虫

瓢 虫是世界上最受人们喜爱的小甲虫之一。它们的身体圆圆的，甲壳的颜色非常漂亮，有些是黑色带有黄色或红色斑纹的，有些是黄色或红色带有黑色斑纹的，也有些是黄色、红色没有斑纹的。

何止"七十二变"

我们常常用"七十二变"来形容孙悟空的变化多端。对于瓢虫来说，"七十二变"算不了什么。瓢虫中变化最多的是眼斑灰瓢虫，有将近200种变化，这常常使人误以为瓢虫有很多种。

▲ 瓢虫形似半个圆球，足短，色彩鲜艳，具有黑、黄或红色斑点

精明的瓢虫

瓢虫比其他昆虫精明得多，它甚至在变成蛹的时候也留着个心眼。当蚂蚁碰到蛹时，蛹会忽然竖起来，这种举动会把蚂蚁吓得魂不附体，转眼跑得无影无踪。

▲ 瓢虫

知识小笔记

类　属：昆虫纲、鞘翅目、瓢虫科
身　长：8～10毫米
食　物：蚜虫
分布地区：除极地外，世界各地都有分布

七星瓢虫

七星瓢虫是我们最常见的瓢虫，它的甲壳就像半个红色的小皮球，上面长着7个黑色的斑点。七星瓢虫个头不大，却是捕食蚜虫的好手，一只七星瓢虫一天可以吃掉上百只蚜虫。

七星瓢虫

瓢虫在树叶上活动

安全措施

瓢虫的幼虫脚底下会分泌出一种黏黏的液体，它的尾部有一个吸力强大的吸盘，这样的生理结构可以帮助幼虫在光滑的树干或树叶上活动自如，而不会滑落。

脱身有术

瓢虫的脚关节处能分泌出一种很臭的黄色液体，使它能有效地摆脱敌人的追捕。

瓢虫

分工明确的昆虫——蚂蚁

蚂蚁是典型的群居动物，生活在世界的各个角落。蚂蚁的巢穴就像一座结构复杂的"宫殿"，里面住着几万甚至几十万只"蚁民"。由于职责不同，蚂蚁可以分为工蚁、雄蚁、蚁后几大类。它们分工明确，过着井然有序的生活。

勤劳的工蚁

一个蚁穴中除蚁后外，其他的雌蚁都没有生育能力，它们按大小可分成几个级别：大型工蚁、中型工蚁、小型工蚁。其中，主要从事战争和防卫工作的是大型工蚁，称为兵蚁。

▲ 蚂蚁搬东西

饲养"家虫"

蚂蚁喜欢吃一种蚜虫的粪便，有趣的是，它们还会"饲养"蚜虫，以供自己享用。这是目前已知的除人类以外，唯一一种懂得"饲养"异类的动物。

▶ 蚂蚁

知识小笔记

类　属：昆虫纲、膜翅目、蚁科
身　长：0.5～30毫米
食　物：食物残渣
分布地区：除极地外，世界各地都有分布

蚂蚁王国的统治者——蚁后

蚁后是已经发育完全、具备生育能力的雌蚁。通常说来，一个蚁穴里只有一只蚁后，它住在巢穴的底层，由众多工蚁侍奉。蚁后每日产卵达几万粒之多，这些卵会被工蚁送入专门的"育婴室"照料。

▶蚁后脱掉翅膀，在地下选择适宜的土质和场所筑巢

苦命的雄蚁

蚁穴里一般只有少数几只雄蚁，它们不用参加劳动，只负责和蚁后繁殖后代。一旦某只雄蚁被蚁后拒绝，其他"蚁民"就不再管它，甚至让它饿死。

肢体语言的秘密

蚂蚁间依靠丰富的肢体语言传递信息。如果它们高高挺起腹部站立，表示发现了好多食物；用腹部敲击地面表示发现"敌人"；互相"亲吻"其实是在与伙伴分享美味；将尾部弯曲在双脚间，可就是个危险动作了，这样做通常是在准备"战斗"。

▶蚂蚁是集群昆虫，过的是群体生活，当它们抵达食物所在地时，会共同搬运

最勤劳的动物——蜜蜂

蜜蜂家族里有蜂王、雄蜂和工蜂三类成员，每个成员都有自己明确的分工。蜂王管理着整个家族，它的任务是繁衍后代；雄蜂除了和蜂王繁殖后代外，没有其他工作；最辛苦的就是工蜂了，它负责筑巢、采蜜、养育幼蜂、防御敌害等工作。

唯一的蜂王

在每个蜂巢中，通常只有 1 个蜂王，它是具有生育能力的雌性蜜蜂。一般情况下，工蜂只能活几个月，而蜂王通常能活 5 ~ 6 年，甚至十几年。

→蜂王和工蜂在一起

小蜜蜂采蜜忙

蜜蜂的后脚中间凹陷，有利于花粉的贮存，所以后脚就成了它采蜜时的"花粉篮"。它采到花粉后，就将花粉收集在"花粉篮"里，然后用花蜜将花粉固定成球状再带回巢穴。

→蜜蜂采蜜

知识小笔记

类　属：昆虫纲、膜翅目、蜜蜂科
身　长：2 ~ 4 厘米
食　物：花粉、花蜜
分布地区：除极地外，世界各地都有分布

伟大的建筑师

蜜蜂的巢是正六边形的，既节省空间，又紧密牢固。它在中央蜂孔里哺育幼虫，在外围的孔里存放花粉和花蜜，堪称是独具匠心，就连高超的建筑师也为之叫绝。

▸ 蜜蜂巢

"同归于尽"

蜜蜂的螯针上有尖锐的倒刺，它把螯针刺入敌人的身体后，就再也拔不出来了，而它自己也会很快死去。

蜜蜂密语

工蜂有很多有趣的行为，它在采蜜时，可以用跳"8"字舞的方式，告诉同伴们花儿在哪里。近年来，有人还发现蜜蜂可以用声音进行"交谈"。在蜂巢里可以听到"特尔——特尔"的声音，声音的高度及持续的时间似乎与花儿的距离、数量等有关。

▸ 蜜蜂以植物的花粉和花蜜为食

一生辛苦的动物——蚕

你 听过这样的诗句吗:春蚕到死丝方尽。蚕的幼虫可以吐丝,蚕丝是优良的纺织纤维,是绸缎的原料。蚕原产于中国,我国至少在 3 000 年前就开始人工养蚕了。小小的蚕为人类做出了巨大贡献。

桑蚕

桑蚕又称家蚕,是以桑叶为食料的能吐丝结茧的经济型蚕类,主要分布在温带、亚热带和热带地区。如今,人工饲养的蚕类大都是桑蚕。

→桑蚕

实在是太辛苦了

蚕吐丝结茧时,头不停摆动,将丝织成一个个排列整齐的"8"字形丝圈。家蚕每结一个茧,需要变换 250 ~ 500 次位置,编织出 6 万多个"8"字形的丝圈,每个丝圈平均 0.92 厘米长,一个茧的丝长可达 700 ~ 1 500 米。

→蚕茧

知 识 小 笔 记

类 属:昆虫纲、鳞翅目、蚕蛾科
身 长:6 ~ 7 厘米
食 物:桑叶
分布地区:全球的温带、亚热带和热带地区

↑ 蚕

🐾 蚕的生长

　　蚕的一生要经历蚕卵、蚁蚕、蚕宝宝、蚕茧、蚕蛾等阶段，共40多天的时间。刚从卵中孵化出来的蚕宝宝，黑黑的像蚂蚁，我们称为"蚁蚕"。蚕宝宝以桑叶为食，不断吃桑叶后身体变成白色，经过4次蜕皮就开始吐丝结茧，在茧中进行最后一次脱皮，就变成蛹。再过大约10天，蛹羽化成为蚕蛾。

🐾 蚕蛾

　　蚕蛾的形状像蝴蝶，全身披着白色鳞毛，但由于两对翅膀较小，不能飞行。雌蛾比雄蛾个体要大一些，雄蛾与雌蛾交尾后，3～4小时后就会死去，雌蛾在晚上产卵，约产500个卵，产卵后也会慢慢死去。

↑ 蚕蛾

潜伏高手——螳螂

螳螂是体型较大的一种昆虫。它的体长约为 6 厘米，头部呈三角形，上面长着 1 对大的复眼及 3 个小的单眼，头顶长有 2 根细长的触角。螳螂的前足粗大并且呈镰刀状，因此也被称为"刀螂"。

善于伪装

螳螂的体色与它所栖息的叶子的颜色十分相似，因此常常有猎物误认为是叶子而成为它的美食。如果与鸟类相遇，螳螂就会直立起身子，把前脚合并在一起，这样看起来就像是蛇的头部，鸟类就吓得逃之夭夭了。

雌性螳螂的产卵方式特别，既不产在地下，也不产在植物茎中，而是将卵产在树枝表面

绿色的螳螂大多生活在绿色树木植物上，捕食一些小昆虫之类的，但都是以保护色而生存

繁殖后代

每年秋季，雌螳螂会从腹部前端分泌一种黏稠的液体，并转动腹部使液体变为泡沫状，然后将卵产在液体上。产完卵后，泡沫状的液体会凝固，变成一个既保暖又防水的卵囊。卵在其中孵化成若虫，然后再羽化为成虫。

讨好雌螳螂

螳螂的性情古怪，雌螳螂在交尾时甚至会吃掉雄螳螂。所以雄螳螂有时会事先找到一只昆虫献给雌螳螂，在雌螳螂享受美餐时趁其不备跳到它背上强行交尾。

→螳螂

↑螳螂身段修长

武林高手

用"静如处子，动如脱兔"来形容螳螂最恰当不过。螳螂的身段敏捷优雅，手执"大刀"，威风凛凛，颇有一代武师的气度，难怪有螳螂拳和螳螂腿的武功招式呢。

讲卫生爱干净

昆虫类都需要保持触角的洁净，以维持它的灵敏度。螳螂也不例外，它常常会把触角拉进嘴里，为它打扫卫生。

→螳螂是肉食性动物，猎捕各类昆虫和小动物，在田间和林区能消灭不少害虫，因而是益虫

知识小笔记

类　属：昆虫纲、螳螂目、螳螂科
身　长：35 ~ 85 毫米
食　物：蝉、蝗虫
分布地区：世界各地温暖、湿润的地区

与人类争食的害虫——蝗虫

蝗虫的体色多为绿色或褐色，它有着坚硬的口器，后足强劲，适于跳跃。蝗虫对庄稼的危害非常严重，人们把它与洪水、旱灾看成是对人类造成最大损失的灾难。一个大的蝗虫群每年可以吃1.6亿千克食物，多惊人的数字啊！

蝗灾过后

春去秋来，农民们辛辛苦苦地把一片荒地变成丰收的庄稼。此时，如果一群蝗虫铺天盖地飞来，转眼之间，庄稼就会被席卷一空，农民们一年的辛苦就白费了，蝗虫真是害人不浅。

惊人的场面

在东非，有人曾亲眼见到一群蝗虫排成高30米、宽1 500米的阵势前行，那场面可以用遮天避日来形容。经过9个小时，蝗虫才散开，场面既震撼又恐怖。

蝗虫危害庄稼

知·识·小·笔·记

类　　属：昆虫纲、直翅目、蝗科
身　　长：20 ～ 80 毫米
食　　物：叶子、果实
分布地区：除极地外，世界各地
都有分布

▲ 蝗虫

蝗虫的生长

雌蝗虫有短的产卵管，它用产卵器挖土产卵。雌蝗虫的每一个卵囊都能孵化出上百个幼虫。2 周左右的时间过后，米粒大小的幼虫便孵化而出，幼虫再经过 4 ～ 5 次的蜕皮就能变为成虫。

会变色的蝗虫

有一种蝗虫可以根据不同的环境改变身体的颜色。而有些蝗虫因栖息地不同，会产生黑色、褐色、绿色的体色，这些体色可以帮助它们巧妙地隐藏在周围的环境中。

沙漠蝗

沙漠蝗所到之处，各种绿色植被无一幸免。通常，一只沙漠蝗每天要吃掉相当于自身重量 2 倍的食物。

◀ 蝗虫可以巧妙地隐藏在周围的环境中

美丽的歌者——蝉

每到夏天，我们都可以听到蝉为我们展示它那嘹亮的歌喉。蝉的俗名叫作"知了"，其实是一种害虫，它针状的口器可以刺入树皮吸取汁液，严重破坏树木的健康。

恼人的"歌手"

蝉是声名狼藉的"歌手"。在夏日炎热的午后，它为找寻配偶而大声鸣叫，音调之高，常常令人难以忍受。一些叫声很大的蝉，声音甚至可以超过120分贝。

▶ 蝉属同翅目、蝉科，种类多，雄的腹面有发声器，叫声大

知识小笔记

类　　属：昆虫纲、同翅目、蝉科
身　　长：2～5厘米
食　　物：树的汁液
分布地区：全球的热带、亚热带及温带地区

▲ 可爱的蝉

向往光明

蝉不同于其他的鸣虫，它有趋光性，喜欢向光明的地方飞去。当夜幕降临时，只要在树干下烧堆火，同时敲击树干，蝉便会立即扑向火光。这时候，就可以很容易在地上捉到它了。

漫长又短暂的生命

蝉一生大部分时间都在漆黑的地下度过，幼虫在土中要生活 6 ~ 7 年。与幼虫相比，成虫的生命非常短暂，仅持续几个星期。雌虫在树干及树枝上产卵后，就掉在地上摔死了。卵在第二年孵化成无翅的若虫；若干年后，若虫出土慢慢蜕去外壳，变成一只长有羽翅的成虫。

· 蝉在树上

蝉的听觉

雄蝉和雌蝉都有听觉，一对大的镜面似的薄膜就是它的耳膜，耳膜由一条短筋连接着听觉器官。当一只雄蝉大声鸣叫时，它会将耳膜折叠起来，以免被自己的声音震聋。

← 蝉

昆虫寿星

昆虫相对于地球上的其他生物而言，寿命算是比较短的。不过，蝉的幼虫最多能活 17 年，也算是昆虫里的长寿者了。除了它，再没有哪种昆虫可以活这么长时间。

飞行冠军——蜻蜓

蜻蜓是我们非常熟悉的昆虫。夏季的傍晚，它常常在水塘附近飞舞。蜻蜓的飞行速度十分惊人，它每秒能飞 5 ~ 10 米，高速冲刺时能达每秒几十米，可以连续飞行 1 小时不休息。

奇异的眼睛

蜻蜓的复眼系统由 3 万多只小眼组成，每个小眼都是六边形的，它们像一个个凸透镜，起着聚光的作用。

> 蜻蜓拥有巨大而突出的双眼，占头部的大部分，有些蜻蜓的视界接近360度

> 蜻蜓成虫有两对等长的窄而透明的翅，脉序网状，翅前缘近翅顶处常有涂色斑

知识小笔记

类　属: 昆虫纲、蜻蜓目、蜻蜓科
身　长: 4 ~ 9 厘米
食　物: 蚊子、苍蝇
分布地区: 全球的温带、热带地区

飞行高手

蜻蜓的身体像一架灵活的小飞机，它有两对平展透明的翅膀，就像飞机的机翼，这种体型特别适合飞行。蜻蜓不仅飞得快、飞得高，而且能飞出许多高难度的动作，比如翻圈飞、倒着飞，还可以停在空中。

吃虫专家

蜻蜓不仅是昆虫中的飞行冠军，还是吃虫"专家"。它每天大约要捕食 1 000 只像蚊子、苍蝇、蝴蝶这样的小虫。当蜻蜓发现小虫时，便猛冲过去，6 只脚对准目标，同时合拢。小虫就被牢牢地装进"笼子"，成为蜻蜓的美餐。

↑ 蜻蜓

↑ 蜻蜓可在空中飞行时捕捉害虫

单"引擎"飞行

蜜蜂或蝴蝶在拍打翅膀时，两对翅膀会同时扇动。但蜻蜓却可以独立地控制它的翅膀，当它的前翅向下拍时，它的后翅还可以向上扇。

蜻蜓点水

蜻蜓经常在池塘上方盘旋，或沿小溪往返飞行，在飞行中将卵撒落在水中。蜻蜓有时贴近水面飞行，把尾部插入水中，产下一些卵，再立即飞起来。这样连续产卵的动作，就是平时我们所说的"蜻蜓点水"。

↑ 蜻蜓将卵产在水中或水边的植物枝叶上

飞舞的花朵——蝴蝶

蝴蝶绚丽的色彩、优雅的身姿以及对各类气候超强的适应能力，无不令人叹服！从寒冷的北极到热带雨林，从沿海、沼泽地带到高山之巅，随处可见它们的踪迹，它们是大自然最美丽的点缀。

特殊的嘴

蝴蝶长有一根中空的吸管，非常适合吸取花蜜及果实的汁液，所以经常能见到蝴蝶飞舞在花丛中，或是停在腐烂的水果上。

▸ 美丽的蝴蝶

蝴蝶中的色盲

纹白蝶无法分辨粉红色和黄色，会把这两种颜色当成是紫色。因为分不清颜色，它常常会成为停在粉红色花朵上的黄蜘蛛的点心。

▸ 花间飞舞的蝴蝶

🐾 大自然的戏法

蝴蝶的卵要经过幼虫转化为蛹，再从蛹羽化为成虫，这样的过程被称为完全变态。由丑陋的幼虫变为鲜艳、美丽的蝴蝶，它们的外貌发生了如此巨大的变化，这真是大自然绝妙的戏法啊！

▸蝴蝶卵

↑ 蝴蝶张开翅膀

🐾 防水措施

所有的蝶类在下雨天都不用"打伞"，因为它们的翅膀鳞片上富含油脂，不会被雨水打湿，所以在雨中也能见到它们翩翩起舞。不过雨毕竟有阻力，所以蝴蝶们通常会收起美丽的翅膀，等雨过天晴后再飞到花丛中。

🐾 飞舞在冬天里的蝴蝶

到了冬天，有一些蝴蝶会找一处避风的地方，把足都蜷缩起来，紧紧地收拢翅膀，让自身的活动和消耗减到最小。在太阳高照的时候，它们就会出来享受日光浴，汲取更多的能量。所以在冬天里也能见到这些会飞的美丽"花朵"。

蝴蝶

知识小笔记

类　属：昆虫纲、鳞翅目、蝶科
身　长：2～20厘米
食　物：花粉、腐烂的果实
分布地区：除极地外，世界各地都有分布

蝴蝶的姐妹——蛾

蛾 与蝴蝶都有着艳丽的外表，形态也十分相似。大多数蛾都长有2对翅膀，上面披着数千枚瓦状重叠的小鳞片。它们身体上醒目的图案，就是由这些鳞片组成的。蛾有趋光性，喜欢向光明的地方飞去，并会因此而丧命。蛾的眼与蝴蝶有明显区别。

长尾大蚕蛾

长尾大蚕蛾的翅膀展开达90～110毫米，身体为白色，翅膀呈淡黄色。后翅尾部呈飘带状，长达85毫米，很像那种带有长飘带的蝴蝶风筝。

▶ 长尾大蚕蛾翅膀展开时就像一个漂亮的风筝

迁徙的蛾

波冈蛾在澳大利亚维多利亚南部度过干热的夏季，当天气变凉后，它们会飞往温暖的地带繁殖后代。迁徙途中，如果天气很热，它们就在白天休息，避开太阳，在凉爽的黄昏和夜间继续它们的旅程。

漂亮的孔雀蛾

孔雀蛾全身披着红棕色的绒毛，翅膀上面点缀着漂亮的"眼睛"，有黑得发亮的"瞳孔"和由许多色彩镶成的"眼帘"。它是由一种长得极为漂亮的毛虫变来的，靠吃杏叶为生。

▲ 孔雀蛾

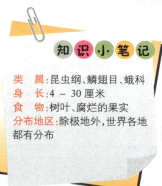

知·识·小·笔·记

类　属：昆虫纲、鳞翅目、蛾科
身　长：4～30厘米
食　物：树叶、腐烂的果实
分布地区：除极地外，世界各地都有分布

无私的冬尺蠖蛾

雌冬尺蠖蛾没有翅膀，靠分泌体液引来雄蛾交配。寒冷来临时，冬尺蠖蛾会脱除腹部的毛，盖在卵上，帮助卵宝宝平安地度过这段严寒。

▲ 雌冬尺蠖蛾

如何区分蛾与蝶

蝴蝶有小鼓棒一样的触角，而蛾的触角通常是丝状、羽毛状。蛾的身体上多毛，而蝴蝶身体上的毛很少；蝴蝶一般在白天活动，而蛾一般在夜间活动。通过以上对比，我们就可以很容易地区分它们。

◂ 蛾